Foad Forghani

Tanz um die Macht

Foad Forghani

TANZ UM DIE MACHT

Geheimnisse der Verhandlungsführung

ATE

Umschlagbild: Sascha Hüttenhain

Gedruckt auf alterungsbeständigem Werkdruckpapier entsprechend
ANSI Z3948   DIN ISO 9706

Bibliografische Information der Deutschen Nationalbibliothek
Die Deutsche Nationalbibliothek verzeichnet diese Publikation in der
Deutschen Nationalbibliografie; detaillierte bibliografische Daten sind
im Internet über http://dnb.d-nb.de abrufbar.

3. Auflage 2013

ISBN 978-3-89781-172-0

AT Edition Münster   2013

Auslieferung/Verlagskontakt:
Fresnostr. 2 D-48159 Münster   0 251-20 07 96 10
E-Mail: ate@at-edition.de   http://www.at-edition.de

Inhaltsverzeichnis

Für Arian und für Arvin.

Vorwort

Der Geruch des Krieges begleitet mein Leben. Ich war 14 Jahre alt, als ich den Iran verlassen habe. Das Land stand im Krieg mit dem Irak, und die Welt um mich herum lag in Trümmern. Keine gute Lebensgrundlage für einen jungen Menschen. Ich ging nach Deutschland. Ich wollte ein besseres Leben in einem westlichen Land. Das Weggehen aus dem Iran bedeutete für mich aber auch die Trennung von meiner Familie, von meinen Eltern. Wir haben zwar immer versucht den Kontakt aufrechtzuerhalten – aber letztendlich war ich allein in Deutschland und meine Eltern im Iran.

Der Geruch des Krieges – er bedeutete für mich von da an: die Trennung von Menschen, die ich liebte. Ich betrachtete mein Leben als das Resultat eines politischen Spiels der Mächtigen. Der Präsident eines Landes namens Amerika ermutigte einen Diktator im Irak namens Saddam Hussein, in den Iran einzumarschieren, weil dies für USA politisch und wirtschaftlich zu der Zeit vorteilhaft war. Wie ein Staubkorn im Schlachtfeld wird das Leben des Einzelnen völlig unbedeutend, unbeachtet und unbemerkt weggeweht von Kontinent zur Kontinent. Er wird nicht einmal als Verlierer genannt. Er wird überhaupt nicht genannt.
Der Krieg zeigte mir sein Gesicht, seine hässliche Fratze. Ich war zutiefst getroffen. Ich wollte diesem Wahnsinn etwas entgegen setzen. Der Geruch des Krieges durfte nicht mehr die Oberhand gewinnen. Ich

suchte nach Möglichkeiten das Leben und seine Konflikte anders zu meistern, ohne Trennungen, ohne Kriege.

Doch im Laufe der Jahre stellte ich fest: das Leben besteht aus Kämpfen, Machtkämpfen und Trennungen. Die Kunst besteht aber nicht darin, diese Momente zu meiden. Die Kunst liegt darin, diese Momente anders zu gestalten. Ich spürte und ahnte, dass es andere Mittel und Wege geben muss.

———

Aus einem Gefühl heraus – ein Gefühl, das ich erst einmal nicht deuten konnte – beschäftigte ich mich im Laufe meines Lebens zunehmend mit dem Thema „Verhandlungsführung". Es war fast ein innerer Drang. Ich verbrachte viel Zeit damit diese Kunst in ihrer Gesamtheit zu erfassen und gründlich zu verstehen.
Ich widmete mich der Sache, die ich für die schönste Seite der Konflikte halte: das Verhandeln. Ich versuchte die Mechanismen, die geheimen Strukturen zu verstehen. Ich wollte sie nachvollziehen, die Geheimcodes des Verhandelns. Das Thema gab mir Hoffnung.

Im Nachhinein lässt sich das damals „unbekannte" Gefühl sehr leicht deuten. Die Verhandlung ist die beste Alternative zum Krieg. Das war *meine* Antwort auf die vielen Fragezeichen in meinem Leben – ohne dies zu ahnen.

Dieses Buch beschäftigt sich ausschließlich mit den Geheimnissen des Verhandelns. Ich habe mich auf die Suche nach Verhandlungsmomenten und Verhandlungssituationen aus allen Bereichen und Zeiten gemacht: historische Verhandlungen, alltägliche Verhandlungen sowie wirtschaftliche und politische Verhandlungen. Alles, was ich als interessant und wertvoll empfand, um es zu analysieren und dabei Neues über die Kunst des Verhandelns zu erfahren und offen zu legen. Die vielen Personen, Akteure und Beispiele sollen nicht als Vorbilder oder gar als Musterwege des Verhandelns dienen, um diese nachzuahmen. Die Beispiele sind vielmehr Konfliktfälle, die uns dabei helfen die Verhandlungswelt besser und eingehender zu verstehen.

Der indische Politiker Jawaharal Neru hat einmal gesagt: „Alle Kriege enden mit Verhandlungen. Warum also nicht gleich verhandeln?"
In diesem Sinne: Ich wünsche Ihnen viel Spaß beim Lesen.

I. KAPITEL

VERHANDLUNGSTHEMEN UND -GRUNDSÄTZE

Der Bluff – Wie wir die Gegenseite aushebeln

Vor rund zehn Jahren wurde der Sohn eines im Nahen Osten lebenden Unternehmers entführt. Die Forderung der Entführer war recht deutlich. Sie verlangten eine hohe Summe für das Leben des Sohnes. „Geld oder Leben" waren die Alternativen. Etwas gewöhnungsbedürftig reagierte der Vater des Entführungsopfers. Er verkündete: „Wenn mein Sohn nicht in der Lage ist, sich selbst zu befreien, dann soll er sterben".

Mit diesem Satz ist der Vater ein hohes Risiko eingegangen. Er hat geblufft. Aber wie riskant ist so ein Bluff? Und lohnt sich ein solches Pokerspiel, wenn es um das Leben des eigenen Sohnes geht?

Ob ein Bluff scheitert, hängt in der Regel von den wahrgenommenen Machtverhältnissen ab sowie von der Glaubwürdigkeit des Bluffs, und nicht zuletzt auch von den Motiven des Verhandlungspartners, in diesem Fall den Entführern.

Der Sohn wurde freigelassen – und zwar ohne, dass auch nur ein Cent Lösegeld gezahlt wurde. Der Bluff des Vaters ist also aufgegangen. Aber was machte diesen Bluff für die Entführer glaubwürdig?
Zum einen hat der Unternehmer mehr als zehn weitere Kinder und bei dem entführten Sohn handelte es sich um einen der jüngsten Kinder. Hätte der Vater keine weiteren Söhne oder würde es sich beim Entführungsopfer um den ältesten Sohn handeln, wären die Handlungsalter-

nativen des Vaters auf Grund seiner kulturellen Werte recht eingeschränkt. Es ist schwer in diesem Zusammenhang von Alternativen zu
sprechen, dennoch geht es aus Verhandlungssicht um Alternativen für
den Vater in dieser Verhandlung, wenn von „älteren Söhnen" gesprochen wird. Dabei handelt es sich um die Anwärter auf die Nachfolge
des Vaters. Natürlich wussten auch die Kidnapper von den Familien-
verhältnissen, was deren Wahrnehmung der Machtverhältnisse und
damit auch deren Erwartungshaltung im Hinblick auf eine mögliche
Einigung beeinflusste. In diesem Zusammenhang gewann die Aussage
des Vaters an Glaubwürdigkeit.

Der Coup des Vaters bestand allerdings darin, mit einem einzigen Satz
die Trumpfkarte der Kidnapper zunichte zu machen. Und diese
Trumpfkarte ist nicht etwa das Opfer oder das Leben des Opfers, sondern die Wertschätzung der erpressten Person (oder der Instanz) dem
Leben der Geisel gegenüber. In diesem Fall die Wertschätzung des
Vaters dem Leben des Sohnes gegenüber.
Der Satz, „Wenn mein Sohn nicht in der Lage ist, sich selbst zu befreien, dann soll er sterben", enthält gleich mehrere Botschaften. Eine
der Kernbotschaften der Aussage ist: „Mein Sohn ist mir nichts wert!"

Wenn der Vater diese Kernbotschaft („Mein Sohn ist mir nichts wert")
wortwörtlich ausgesprochen hätte, die Entführer hätten das höchst-
wahrscheinlich nicht ernst genommen. Warum?

Weil wir Menschen einen einmal ausgesprochenen Satz mit unserem Verstand und die Botschaft emotional verarbeiten. Stimmen Aussage und Botschaft überein, werden sie sehr wahrscheinlich als authentisch und überzeugend angenommen.

Der Satz: „Das Leben meines Sohnes ist mir nichts wert", enthält nicht die erwünschte Botschaft – und kann daher recht schnell als Bluff-Versuch entlarvt werden.

Deshalb: Die Kernbotschaften, ob verbal oder schriftlich müssen „verpackt" und „getarnt" werden. Vor allem, wenn der Verhandlungspartner keinen Win-Win-Ansatz folgt. Dann gilt es, die eigenen Motive, Absichten und vor allem die eigenen Schwachpunkte so gut wie möglich zu tarnen. Genau das hat der Vater gemacht, indem er seinen größten Schwachpunkt, die emotionale Abhängigkeit vom Sohn, als nicht-vorhanden darstellte. Er neutralisierte die Machtposition der Kidnapper durch vorgespielte Gleichgültigkeit.

Dass der Sohn frei gelassen wurde, zeigt aber auch einen weiteren Aspekt: den Kidnappern ging es nur ums Geld. Ihre Motive waren ausschließlich monetärer Natur. Würden ihre Motive auch nur zum Teil auf einer Unzufriedenheit mit den sozialen Verhältnissen oder gar einem ideologischen Ansatz basieren, hätten sie mit ziemlicher Wahrscheinlichkeit den Sohn in einem Akt der Vergeltung oder der „Gerechtigkeit" getötet.

Wie sich das Verhältnis zwischen Vater und Sohn seitdem entwickelt hat, ist mir nicht bekannt. Es lässt sich nur mutmaßen, wie die Folgeverhandlungen um die vom Sohn empfundene Abwertung das Verhältnis zwischen Vater und Sohn beeinträchtigt hat.

Sicher ist: In der Hauptverhandlung um den Sohn wurden mehrere Aspekte des Verhandelns nicht nur berücksichtigt, sondern auch richtig umgesetzt. Der Vater hat bewusst ein hohes Risiko in Kauf genommen – und hat damit ein großartiges Ergebnis mit außergewöhnlichen Mitteln erreicht.

Wer steht oben, und wer steht unten? – Verhandeln um die Rangordnung

Sie kennen die Situation: Sie haben einen Termin bei einem Verhandlungspartner. Sie sind pünktlich in seinem Büro, doch jetzt müssen Sie warten. Die Sekretärin vertröstet Sie alle zehn Minuten, doch Ihre Wut wird mit jeder Minute größer. Endlich, nach einer halben Stunde hat Ihr Gesprächspartner Zeit für Sie und begrüßt Sie etwas gleichgültig, fast kühl. Er entschuldigt sich auch nicht für die Verspätung, sondern geht direkt zur Sache über. Er tut so, als sei es völlig normal, seinen Verhandlungspartner 30 Minuten warten zu lassen. Sie können die Wut in sich kaum bändigen und sich kaum konzentrieren. Sie überlegen, ob Sie Ihren Unmut äußern sollten oder einfach zur Sache übergehen sollten. Sie entscheiden sich für die Sache. Er wiederum fragt Sie jetzt noch nach Ihrem Namen und notiert diesen in seinen Unterlagen. Als er Sie beim anschließenden Gespräch dann noch ständig unterbricht und laut wird, platzt Ihnen der Kragen.

Was ist da passiert? Warum verhält sich der Verhandlungspartner in dieser Art und Weise?

Lassen Sie uns die Abläufe Revue passieren:

Dass man Sie, für mitteleuropäische Verhältnisse unüblich, eine halbe Stunde warten lässt, vermittelt Ihnen eine klare Botschaft: Es gibt etwas, das wichtiger ist als Sie. Die fehlende Entschuldigung bestätigt diese Annahme und führt die Kette der herabwürdigenden Handlungen fort. Dass der Gesprächspartner ihren Namen notieren muss, ist der nächste Schlag: Er weiß Ihren Namen nicht, weil dieser keine Wichtigkeit für ihn besitzt. Zugleich erweckt er damit den Eindruck: Sie sind einer von vielen unwichtigen Gesprächspartner, die mal einen Termin bei ihm bekommen haben.

Je länger die Kette der Demütigungen, desto stärker der Impuls darauf zu reagieren. Immer mehr Energie baut sich in Ihnen auf. Energie, die Sie in Form von Wut spüren.

Nun könnte man sagen: Sie sind schon hochgradig wütend bevor die Verhandlung überhaupt begonnen hat. Dies ist allerdings nicht ganz richtig. Es wurde verhandelt, keine Frage, allerdings nicht um den Sachverhalt, sondern um die Rangordnung.

Wir Menschen leben, ob wir das wollen oder nicht in einer Gesellschaft der Rangordnung. Dies spielt in der Verhandlungswelt eine wichtige Rolle, da die eingenommene Rangordnung große Auswirkung auf die Art und Weise des Verhandelns mit dem Gegenüber und auf das Verhandlungsergebnis hat.

Wenn wir verhandeln, verhandeln wir nie nur um eine Sache, sondern immer auch um eine Beziehung, die je nachdem, ob sie kurzfristig, mittelfristig oder langfristig angelegt ist, eine entsprechende Gewichtung in der Verhandlung erfährt.
Im Rahmen der Beziehungsgestaltung verhandeln wir immer auch um die Rangordnung mit dem Verhandlungspartner. Wir wollen eine gleichgewichtige oder sogar eine Beziehung mit einem Gefälle zu

unseren Gunsten gestalten. Dem gegenüber steht der Verhandlungspartner, der ebenfalls eine gleichgewichtige Beziehung oder ein Gefälle in der Beziehung zu seinen Gunsten aufbauen möchte. In unserem Beispiel ist die Sache klar: Der Verhandlungspartner will Ihnen durch permanente Demütigungen einen niedrigen Rang zukommen lassen. Er selbst sieht sich in einer unausgesprochenen Hierarchie über Ihnen.

Sie glauben, dass spiele keine wichtige Rolle?

Das Gegenteil ist der Fall. Gerade solche so genannten Soft-Facts spielen in der Verhandlungswelt eine sehr große Rolle. Wenn wir einmal eine Person oder eine Instanz hochrangiger als uns selbst akzeptieren, genießt diese Person oder Instanz eine höhere Autorität. Und wir lassen dem, was gesagt, getan oder gefordert wird eine größere Wertigkeit und Wichtigkeit zukommen. Das, was hochwertiger und wichtiger ist, wird auch seltener abgelehnt.

Wir Menschen sind immer bestrebt, die Werte und Vorstellungen einer aus unserer Sicht hochrangigen Person anzunehmen. Und das aus einem Grund: Wir wollen in deren Rangordnung aufsteigen. Dabei handelt es sich um innere Prozesse und Entscheidungen, die einem oft nicht bewusst sind.

Das heißt: Gelingt es einem Verhandlungspartner ein Gefälle in der Beziehung zu uns aufzubauen, so färbt dieses Gefälle auf die Sache ab, bis hin zur Vertragsgestaltung. Sie werden dann sachlich mehr hinnehmen, als es Ihnen lieb ist.

Das ist dort, wo am häufigsten und härtesten verhandelt wird, auf der politischen Bühne, den Akteuren auf einer subtilen Ebene bewusst (man weiß es nicht, man spürt es). Deshalb spielen Kleinigkeiten, Nuancen von Gestik und Mimik sowie rhetorische Kraftäußerungen im politischen Bereich eine wichtige Rolle und man reagiert sofort darauf. Das ist Ausdruck eines permanenten Kampfs um die Rangordnung.

Das bedeutet allerdings nicht, dass Sie beim nächsten Termin den Verhandlungspartner, der Dominanz anstrebt, mit einem Aufwärtshaken niederschlagen sollen. Denn in unserer Gesellschaft ist es nicht damit getan, gefürchtet zu werden. Wir müssen gemocht *und* respektiert werden. Dementsprechend müssen sich Handlungen, die dem Gemocht- und Respektiert-Werden dienen, mit unserer Persönlichkeit und nach Möglichkeit mit gesellschaftlichen Normen decken. Denn nur das versetzt uns in die Lage, den Kampf um die Rangordnung in einer sozial gerechten Form zu führen und zu gewinnen.

Win-Win: Illusion oder Tatsache?

Kaum eine Strategie ist bisher so häufig untersucht und diskutiert worden wie die Win-Win-Strategie. Eine Strategie, die den Sieg beider verhandelnden Parteien verspricht. Kann sie aber auch der harten Realität Stand halten?

Zunächst sollte man genau differenzieren, was denn das „Win" bei einem Win-Win ausmacht? Wann sind wir ein „Winner" bzw. Gewinner im Verhandlungskontext?
Sind wir ein Gewinner, wenn wir uns als Gewinner fühlen? Sind wir ein Gewinner, wenn wir faktisch gewonnen haben? Oder sind wir ein Gewinner, wenn wir unsere Sache als einen Gewinn verkaufen können?

Tatsächlich gibt es sehr selten Verhandlungsabschlüsse, welche einen faktischen Win-Win einschließen. Also ein Verhandlungsabschluss, bei dem die Parteien alle ihre geplanten Ziele erreichen. Denkbar wäre auch, dass die Parteien zwar nicht die Gesamtheit der geplanten Ziele erreichen, aber die erreichten Ziele der Verhandlungsbeteiligten oder deren jeweilige Differenz zum Zeitpunkt des Verhandlungsstarts in einem ausgewogenen Verhältnis zu einander stehen. Auch eine solche Situation kann – mit Betonung auf „kann" – als Win-Win angesehen werden.

Wenn die geplanten Ziele mit den Interessen der Parteien auf jeder Seite deckungsgleich sind und sie auch auf beiden Seiten erreicht werden, hat man den Ausnahmefall des faktischen und des empfundenen Win-Wins.

Da aber die geplanten Ziele einer Verhandlungspartei, also die Positionen, fast nie deckungsgleich mit den wahren Interessen sind, kann man eine Verhandlung faktisch gewinnen und sich dennoch als Verlierer „fühlen" und umgekehrt.

Win-Win im Verhandlungskontext entsteht immer dann, wenn die Verhandlungsbeteiligten das Gefühl haben gewonnen zu haben. Dieses Gefühl basiert allerdings nicht ausschließlich auf ausgeglichenen Gewinnanteilen oder faktischer Korrektheit der erreichten Ziele, sondern vor allem auf den individuellen Erwartungen der Verhandlungsbeteiligten sowie auf deren sachlichen und persönlichen Interessen.
Deshalb gibt es häufig Konstellationen, bei denen ein Verhandlungspartner faktisch gewonnen hat, sich dennoch als Verlierer fühlt und umgekehrt. Das heißt: Ein Win-Win ist immer ein empfundenes Win-Win!
Wir fühlen uns beim Verhandeln als Gewinner, wenn sich unsere Erwartungen erfüllen und unsere Bedürfnisse befriedigt werden. Die Erwartungshaltung einer Person entsteht aus seiner Bewertung der Verhandlungssituation. Entscheidend hierbei ist die Wertung der bestehenden Machverhältnisse und auch Vergleichssituationen. Diese Bewertung kann teilweise über objektive Kriterien und Methoden

unterstützt werden. Es gelingt aber kaum den individuellen Aspekt der Bewertung vollständig auszuräumen. Die Bedürfnisse einer Person haben *immer* einen individuellen Charakter.

Der Eindruck des „Gewinner-Seins" ist ein völlig individueller Prozess. Mit Fakten hat das wenig zu tun.

Eine Win-Win-Situation muss somit nicht gerecht oder fair sein, um als solche empfunden zu werden. Gewiss sind diese Aspekte selten ein Hindernis für die Win-Win-Situation. Definitiv sind sie aber keine Voraussetzung, was wiederum nicht bedeutet, dass man sie nicht beachten sollte.

Nun können wir uns einem weiteren Aspekt des Win-Win-Szenarios widmen, nämlich der Frage, inwieweit man eine Sache als Sieg verkaufen können muss?

Was nutzt einem Politiker der beste Schachzug auf dem politischen Parkett, etwa die Durchsetzung eines längst fälligen Reformvorhabens, wenn er diesen bei sich in der Partei nicht als Sieg verkaufen kann. Wenn ihm das nicht gelingt, kann ihm das durchaus Erfolg versprechende Reformvorhaben zum Verhängnis werden – und zur Schwächung der eigenen Machtposition oder gar zum Fall in der Partei führen. Somit ist es in vielen Verhandlungsfällen entscheidend, ob das Resultat einer Verhandlung als Sieg verkauft werden kann oder nicht. Dennoch ist dieser Aspekt keine Voraussetzung für einen Win-Win, zumindest nicht in allen Fällen. Er kann aber eine Win-Win-Einigung erleichtern.

Ein Win-Win ist ein empfundener Sieg. Jedoch müssen je nach Verhandlungsfall verschiedene Aspekte, vor allem auch im Hinblick auf die Bedürfnisse der Beteiligten berücksichtigt werden. Also, wundern Sie sich nicht, wenn Ihr Verhandlungspartner etwas völlig Irrsinniges verlangt und damit zufrieden ist. Solange er sich als „Winner" fühlt, ist das in Ordnung.

Ein Alibi für das Gewissen

Mit der Moral in Verhandlungen ist das so eine Sache.

Selten, wirklich selten fragen sich die Beteiligten, ob ihr Vorgehen ethisch-moralisch vertretbar ist. Das ist keine Bewertung, das habe ich immer wieder beobachtet.

Wenn die Zeit knapp ist, hohe Summen im Spiel und die Erwartungen hoch sind, bleibt wenig Raum für moralische Überlegungen. Man ist erpicht auf den raschen Abschluss. Die moralischen Werte sind da nur Hürden, die man auf dem Weg zur Einigung am liebsten zügig überspringen möchte. Das moralische Gewissen meldet sich nur hinterher, nach dem Abschluss, und dann häufig in Form von Schuldgefühlen.

Der ehemalige amerikanische Präsident Jimmy Carter war bekannt für sein Zögern bei Entscheidungen, die er ethisch nicht vertreten und nicht mit seinem Gewissen vereinbaren konnte. Oft wollte er sogar seine Entscheidungen im Nachhinein revidieren. Wie gesagt: Hinterher, wenn der Druck der Abschlussfindung nachgelassen hatte, wurde die Stimme seines Gewissens lauter und der Druck *ihr* nachzugeben größer.

Personen, die in Verhandlungen stehen, kündigen oft an, ethische und moralische Werte zu beachten und bei ihren Entscheidungen zu berücksichtigen. Doch eine Analyse der Motivation zeigt: In den meisten Fällen wollen sie eine Beziehungsbelastung vermeiden – und nicht etwa ethisch-moralische Prinzipien umsetzen. Diesen Verhandlern ist es wichtig, durch „anständiges" Vorgehen die gute Beziehung mit dem Verhandlungspartner zu bewahren. Ihre Motivation ist beileibe nicht die bedingungslose Einhaltung der eigenen moralischen Werte. Die Moral ist dann viel mehr ein Alibi für beziehungsorientierte Entscheidungen.

Im Gespräch mit einem erfahrenen Verhandler im internationalen Umfeld erfuhr ich, dass dieser auf Ethik und Moral bei der Verhandlungsführung sehr viel Wert lege. Ich wollte wissen wie sich dies äußert und wie er seine ethisch-moralischen Vorstellungen bei den Verhandlungen einbringt? Er sagte, er achte immer darauf, nicht das zu tun, was seinen Verhandlungspartner bloß stellen oder zu einer Kränkung des Partners führen könnte. Ich fragte weiter, warum er gerade auf diese Aspekte so viel Wert lege. Er antwortete, solche Punkte seien sehr wichtig, da sie die Beziehung mit dem Verhandlungspartner stark belasten und eine Einigung erschweren können.

Ich sagte ihm, dass ich seine Überlegungen für wichtig und gut halte, aber es seien keine ethisch-moralischen Abwägungen. Er widersprach mir zunächst, doch nach einem längeren Gespräch stimmte er mir dann zu. Entscheidend ist in diesem Fall, dass der Verhandler seine Handlungen tatsächlich nicht einer ethischen Bewertung unterzieht. Er zieht nur in Betracht, ob seine Handlungen eine Einigung mit dem Verhandlungspartner erschweren können. Zwar hat er an erster Stelle die Beziehung mit dem Verhandlungspartner im Blick. Das aber nur, weil eine belastete Beziehung einer Einigung im Weg stünde. Die

Abwägung ist in diesem Fall eine rein ergebnisorientierte und keine ethisch-moralische.

Und: eine ethisch-moralische Abwägung orientiert sich ausschließlich an den ethisch-moralischen Werten des Verhandlers. Und das unabhängig davon, welche Wirkung diese auf die Beziehung und die Entscheidung haben. Zwar müssen Ethik und Moral einerseits und das Verhandlungsergebnis andererseits kein Widerspruch darstellen. Entscheidend ist die Absicht des Verhandlers im Moment der Entscheidungsfindung.

Tatsächlich kann ich nach meiner langjährigen Erfahrung im Verhandlungsumfeld sagen: Die Diskrepanz zwischen der gelebten und der vorgezeigten Ethik ist gerade beim Kampf um die Macht recht groß.
Es ist so: Die Wahrheit hört man nicht immer gerne. Und weil die Gesellschaft in vielen Bereichen die reine Wahrheit nicht verträgt, und man sich gerade in der Politik (an der Spitze der Gesellschaft) dieser Tatsache beugt, haben sich zwei unterschiedliche Maßstäbe für Ethik und Moral entwickelt. Einmal der tatsächliche Werte-Maßstab und einmal der vorgezeigte. Fast alle Verhandler, die im öffentlichen „Raum" agieren und damit einem besonderen Druck ausgesetzt sind (z. B. Politiker), können ein Lied davon singen.

Je höher die gesellschaftliche Messlatte der moralischen Vorstellung, umso größer ist das Missverhältnis zwischen Tatsache und Blendung.

Und umso häufiger und ausgeklügelter sind die Täuschungsmanöver der Gesellschaftsmitglieder. Dies gilt auch für die Verhandlungswelt.

Dass ich diese Mechanismen offen lege, ist aber keineswegs mit der Empfehlung verbunden, die eigenen ethisch-moralischen Werte beiseite zu lassen.

Sondern wir müssen immer damit rechnen, dass es viele Menschen gibt, die unethisch und unmoralisch handeln, und ihnen dies nicht einmal bewusst ist. Außerdem sollten wir alle unsere Sittlichkeit und Moralität auf deren Realitätsbezug und Umsetzbarkeit prüfen.

Kaum ein Verhandler kann sich der Verhandlung mit dem eigenen Gewissen entziehen. Daher sollte auch diese Verhandlung bewusst geführt werden.

Eine weitere Frage ist: Wird ein besseres Verhandlungsergebnis erreicht, wenn man ethisch-moralisch vertretbar handelt bzw. verhandelt?

Diese Frage kann leider nur in Bezug auf einige wenige Grundsätze mit „Ja" beantwortet werden. Erstens ist es ratsam, immer für eine Sache und nicht gegen eine Person zu verhandeln. Es macht einen großen Unterschied, ob die Intention das Gewinnen in der Sache oder das Besiegen der Gegenseite ist. Diese Vorgehensweise folgt den Empfehlungen des berühmten Harvard-Konzepts (siehe Literaturverzeichnis). Dieses Handlungsmuster – „Für eine Sache und nicht gegen Personen zu kämpfen" – erfüllt insofern moralische Wertmaßstäbe, da es auf ein Besiegen der Gegenseite verzichtet. Und das wird in den meisten Kulturen als vertretbar und erstrebenswert angesehen.

Zweitens sollte man unabhängig vom Verhandlungsergebnis auch einen weiteren Aspekt beachten: Ein Verhandler steht immer auch in einer permanenten Verhandlung mit sich selbst. Er ist stets bemüht, ob nun bewusst oder unbewusst, ein Gleichgewicht zwischen den inneren, oft konkurrierenden, Motiven und Bedürfnissen zu erlangen. Im Gegensatz zu der einmal abgeschlossenen Verhandlung in der Außenwelt, wird die innere Verhandlung permanent fortgesetzt. Schuldgefühle, also Selbstanklagen, die uns nach einer Verhandlung begleiten, können eine negative, belastende Wirkung auf weiteren Entscheidungen in unserem Leben haben.

Letztendlich befinden wir uns immer auch in einer fortlaufenden Verhandlung mit unserem Schicksal.

Ex-Präsident Carter engagierte sich nach seiner Amtszeit für humanitäre Fragen. Das Engagement kann als Ausgleich zu seinen Handlungen als Präsident gesehen werden. Offenbar schienen ihm einige Handlungen moralisch nicht vertretbar. Nun zollt er seinem Gewissen Tribut. Aber, nicht jedem wird es gelingen, seine Schuldgefühle wie Jimmy Carter im positiven Sinne zu kanalisieren.

Für die Verhandlungspraxis bedeutet das: Es gibt einige Gründe, die ein ethisch-moralisch vertretbares Vorgehen aus der Verhandlungssicht erstrebenswert machen.

Wer moralisch einwandfrei verhandeln will, sollte aber auch parallel prüfen, ob sein Gegenüber ebenso solche Absichten hegt und sich notfalls entsprechend wappnen.

Sie geht nicht weg! – Die Angst in der Verhandlung

Angst ist wohl der schlechteste Begleiter, den man sich in einer Verhandlung wünschen kann. Anhand von einigen Fällen möchte ich die vielen Formen und Gesichter der Angst und deren Wirkung im Umfeld der Verhandlungsführung aufzeigen.

Welche Ängste mussten beispielsweise die Entscheidungsträger in der Kubakrise[1] (siehe Kapitel III „Wertvoll ist, was erkämpft wird") überwinden? Man stand kurz vor einem Dritten Weltkrieg – und trotzdem mussten die agierenden Personen ihre Verhandlungsposition glaubwürdig vertreten.

Und was war mit ihren Ängsten? Wie oft ist den Verhandlungsführern der Gedanke an den Tod in den Kopf geschossen? Wie sehr litten sie selbst unter Ängsten, während oder bevor sie ihren Standpunkt der gegnerischen Verhandlungsdelegation unterbreiten wollten?

Angst ist eine der grundlegenden und gewichtigsten Komponenten bei der menschlichen Entscheidungsfindung. Die Angst macht uns Beine. Zwar ist das Interesse eine ebenso wichtige Komponente, welche unsere Entscheidungen beeinflusst, jedoch wenn wir mit den Alternativen konfrontiert werden, das doppelte Gehalt zu beziehen oder den Job zu verlieren, wird uns in der Regel die zweite Variante mehr motivieren. Die Angst lenkt unsere Entscheidungen. Und Entscheidungen sind Kernmomente des Verhandelns. Die Fähigkeit, eine Verhandlung

---

[1]Konfrontation zwischen USA und Sowjetunion im kalten Krieg (1962)

zu lenken und zu führen, steht und fällt mit den Entscheidungen, die ein Verhandler trifft.

Die ausgeklügelsten Strategien und Taktiken helfen bei einer Verhandlung nicht, wenn der Verhandler nicht in der Lage ist, seine Ängste zu überwinden. Die Überwindung der Angst macht den Unterschied. Die Verhandlungsführer in der Kubakrise mussten ihre Todesangst überwinden, um glaubwürdig den eigenen Standpunkt vertreten zu können.

Nun, ich hoffe, Sie haben keine Verhandlungen zu führen, bei denen Sie sich mit der Todesangst auseinandersetzen müssen. Aber die zentrale Frage ist: Welche Ängste müssen Sie überwinden, um Ihren Standpunkt glaubwürdig zu vertreten.

Angst vor Jobverlust, Versagensängste, Angst vor dem Verlust der Reputation, Existenzängste – die Liste ließe sich beliebig erweitern. All das sind Ängste, die unser Handeln und unsere Entscheidungen beeinflussen. Das Leben hat uns einen Rucksack, gefüllt mit schweren Steinen, mit auf dem Weg gegeben. Und die Angst ist immer mit dabei. Auch in Verhandlungen sind Angstszenarien wichtige Aspekte.

Wir sprechen nicht gerne über unsere Ängste. Für eine gute Verhandlungsführung ist es aber zwingend, dass wir uns mit ihnen bewusst auseinander setzen.

Wer sich gut vorbereitet und strikt seinem Plan folgt, kann das Risiko minimieren, von seinen Ängsten übermannt zu werden. Doch die Gefahr bleibt, dass man wichtige Entscheidungen während einer Verhandlung anders trifft als man sollte. Und das häufig nur, um Angstszenarien zu vermeiden.

Genau im Vermeidungsverhalten liegt der Knackpunkt. Jeder von uns hat schon die Erfahrung gemacht: Es passiert einem genau das, was man mit aller Kraft vermeiden möchte. Das hat einen evidenten Grund. Gelingt es Ihnen nicht, sich von Ihren Ängsten gedanklich zu trennen, verschafft Ihnen Ihre Psyche die Möglichkeit, diese Trennung in der Realität vorzunehmen. Wie sie das schafft? Ganz einfach: Sie müssen dazu das Schreckensszenario erleben. Es passiert damit genau das, was Sie vermeiden wollen. Die gedankliche Überwindung der Angst ist in jedem Fall die bessere Alternative.

Sie müssen sich also, so gut es geht, von angstbehafteten Gedanken trennen. Auch dann, wenn es sich dabei, wie in der Kubakrise um den Dritten Weltkrieg handelt.

Wie aber kann man dafür sorgen, dass Ängste zum einen berücksichtigt werden und zum anderen nicht die Überhand gewinnen? Was ist Angst überhaupt?

Die Angst ist die Vorstellung eines Schreckensszenarios. Die Angst kündigt schmerzhafte Momente an und wir sind bestrebt, alles zu unternehmen, um die schmerzhaften Momente zu vermeiden. Wir nehmen die Angst als ein Signal wahr und reagieren darauf. Für die Verhandlungsführung ist es von fundamentaler Bedeutung, *wie* wir darauf reagieren.

Beispiel: Wer sich auf eine Verhandlung mit seinem Chef vorbereitet, die im Fall des Scheiterns den Verlust des Arbeitsplatzes bedeutet, ist unentwegt der Angst vor Jobverlust ausgesetzt. Aufgrund der assoziativen Funktionsweise des Gehirns ist eine Angstsituation mit weiteren Angst- und Schreckensszenarien verbunden. Diese werden wie in einer Kettenreaktion abgerufen. Häufig erlebt deshalb ein Job-Verhandler gleichermaßen Existenzverlustangst und je nach Lebenserfahrung weitere Ängste, in manchen Fällen sogar Todesangst. Fest steht: Wir können die Angst nicht ohne weiteres ignorieren. Sie hat eine Signalwirkung – und diese kann berechtigt sein. Wer Angstsignale falsch deutet oder verkennt, läuft immer Gefahr, sich zu überschätzen oder fahrlässig zu handeln. Wenn aber andererseits die Angstsituation vom Verhandler als nicht zu meistern oder das Schreckensszenario als nicht hinnehmbar empfunden wird, so wird die Person versuchen, die Angstsituation erst einmal nur mental zu bewältigen. Das Resultat dieses Bestrebens ist eine permanente, mentale Auseinandersetzung mit der Angstsituation. Der Verhandler versucht, die Angst gedanklich zu überwinden. Dieser Prozess hilft allerdings nur selten dabei, die Angst auch tatsächlich zu überwinden. Was passiert: Wir denken nun permanent an die Angst- und Schreckensmomente. Die Angst taucht vor unserem geistigen Auge auf – und wir versuchen deren Prognose, also die schmerzhafte Situation zu vermeiden. Da das Unterbewusstsein des Menschen keine Negation versteht, registriert diese gerade bei der Entscheidungsfindung immens wichtige Instanz nur unsere Angst und die Schreckensbilder. Gleichzeitig ist das Bewusstsein ebenso unentwegt der Angstsituation ausgesetzt, weil wir uns beharrlich damit beschäftigen.

Wir wollen im Grunde unser Bewusstsein dazu programmieren, sich mit der Angstsituation abzufinden, indem wir es kontinuierlich der Angst aussetzen. So gut unsere Absicht ist, wir verfolgen dabei den falschen Ansatz. Und, wie soll man in diesem Zustand noch eine gute Entscheidung treffen? Deshalb: Bevor Sie in eine Verhandlung ziehen, um für Ihre Standpunkte zu kämpfen, müssen Sie sich um Ihre Ängste kümmern.

Wenn Sie schon kämpfen wollen, fangen sie erst einmal mit dem Kampf im eigenen Kopf an! Hier gilt es, die Angst zu überwinden. Dazu müssen Sie den aus der Angst entstandenen Antrieb kontrollieren, indem Sie ihn kanalisieren. Es gibt viele Momente im Leben, in denen wir etwas akribisch vorbereiten, wenn wir die Angst vor Augen haben. Eine gute Verhandlungsvorbereitung ist das beste Mittel, um die entstandene Energie konstruktiv zu lenken. Jeder Vorbereitungsschritt hilft Ihnen, die Angst zu verringern. Wer dazu noch absichernde Maßnahmen plant, wird das Risiko des Auftretens der Angstszenarien weiter minimieren.

Wenn die Strategie festgelegt ist, die Maßnahmen geplant und genügend Informationen eingeholt worden sind, gilt es die Angst beiseite zu schieben. Das ist wie bei einem Bergsteiger, der eine Steilwand bezwingen will. Wenn er sich optimal vorbereitet hat und mitten in der Wand hängt, wäre es fatal, würde er immer wieder hinunter blicken und daran denken, was passieren könnte, wenn er herunterfällt. Die pausenlose und unkontrollierte, gedankliche Konfrontation mit der Angstsituation ist Ihr Blick nach unten.

Ein Beispiel aus dem Arbeitsalltag:

Es ist ein Schock: Der Vertriebsmitarbeiter eines Hardware-Herstellers spürt einen kalten Schauer über den Rücken, als sein Vorgesetzter ihm eröffnet, das Unternehmen könne ihn nicht weiter beschäftigen. Sofort schießen ihm die Gedanken in den Kopf. Er sieht seine Existenz bedroht. Er hat zwei Kinder und eine Frau zu versorgen, und vor einiger Zeit hat er ein Haus gekauft. Nun hofft er wenigstens auf eine angemessene Abfindung. Da er seit etwa vier Jahren bei dem Unternehmen tätig ist, rechnet er mit einem Monatsgehalt pro Beschäftigungsjahr, also vier Monatsgehältern sowie einem Entgegenkommen des Unternehmens. Sein Ziel wäre es, mit sechs Monatsgehältern auszuscheiden. Das wäre ein gewisses finanzielles Polster. Von Freunden erfährt er, dass ihm als Familienvater nicht ohne weiteres gekündigt werden könne. Es gebe eine Sozialauswahl und er habe eigentlich Vorrang vor Vertriebsmitarbeitern, die keine Unterhaltsverpflichtung haben oder weniger als vier Jahre im Unternehmen sind. Doch er hat die Rechnung ohne seinen Chef gemacht.

Bevor der Vertriebsmitarbeiter die soziale Komponente vorbringen kann, kommt es knüppeldick: Sein Vorgesetzter erwähnt beim nächsten Treffen Unregelmäßigkeiten bei der Reisekostenabrechnung, außerdem wirft er dem Mitarbeiter vor, die Firmenkreditkarte privat genutzt zu haben. Der Mitarbeiter ist verwirrt und beteuert, die Firmenkreditkarte nur für berufliche Zwecke verwendet zu haben. Als Antwort legt ihm sein Vorgesetzter Kopien von Ausgaben auf den Tisch, die am Vorabend einer Geschäftsreise getätigt worden waren. „Aber da war ich schon für die Firma unterwegs!", ruft der Mann.

„Die Frage ist, ob das Gericht das auch so sieht", sagt ihm sein Anwalt, „können Sie belegen, dass Sie da schon unterwegs waren?" Der Familienvater hat nun Angst, alles zu verlieren. Er scheint zu kapitulieren. Am liebsten würde er einfach das Abfindungsangebot von drei Monatsgehältern annehmen und einen entsprechenden Aufhebungsvertrag unterschreiben. „Ich habe ein Haus abzubezahlen, ich habe Frau und Kinder", sagt er zu seinem Anwalt. Doch der Anwalt rät, genau das Gegenteil zu tun. Er solle einfach vorgeben, er hätte ein stabiles, finanzielles Polster. „Dann werden die mir doch nicht helfen", sagt der Vertriebsmitarbeiter im Hinblick auf die Geschäftsleitung. „Das werde die so oder so nicht tun. Die wollen Sie loswerden", erwidert sein Anwalt.

Nun gilt es, Ängste zu überwinden. Der Vertriebsmitarbeiter will das Eintreten der Angstszenarien, die er vor den Augen hat, unbedingt vermeiden. Doch nun muss er genau das Gegenteil tun: Deren mögliches Eintreten hinnehmen!

Wichtig dabei: Der Versuch das Eintreten der Angstszenarien zu vermeiden, findet zunächst auf der geistigen Ebene statt, in unseren Gedanken. Wir versuchen, auf dieser Ebene den angstbehafteten Gedanken einfach „weg zu haben".

Wir starten einen inneren Dialog mit unserer Angst, mit dem Ziel, die Stimme der Angst zu beseitigen. Das hat allerdings zur Folge, dass sich die Angst noch intensiver in unserem Gehirn verfestigt. Um es einmal bildhaft zu beschreiben: Der Angst ist es gleich, ob wir negativ oder positiv mit ihr kommunizieren. Solange wir uns mit ihr gedanklich beschäftigen, stärken wir ihre Position – In unseren Gedanken und damit auch bei der Entscheidungsfindung.

Es gibt nur einen Weg. Wir müssen akzeptieren: die Angst verschwindet nicht, sie geht nicht weg! Wir müssen die Angst gedanklich ignorieren.

Wir alle wünschen uns einen Zustand der Angstfreiheit, doch den erreichen wir nicht. Die Freiheit liegt lediglich in der Entscheidung. Zwar ist es denkbar, dass gewisse Angstszenarien durch das wiederholte Erleben der Angstsituation und dem Ausgesetztsein der Situation in der Intensität nachlassen, zum Beispiel in Seminaren zur Flugangst. Aber die völlige Angstfreiheit, wie wir sie uns in belastenden Verhandlungsmomenten wünschen, ist eine Illusion – und jedes Bemühen in dieser Richtung vergebens.

Damit schließt sich der Kreis zum Fall des Vertriebsmitarbeiters. Dieser will alles, was gedanklich mit dem möglichen Verlust von Hab und

Gut einhergeht, am liebsten „weg haben". Doch, um der Empfehlung seines Anwaltes zu folgen, also vorzugeben, er habe ein finanzielles Polster, muss er sich mit dem Verlust, von allem was er hat, abfinden. Er muss innerlich, also gedanklich bereit sein, alles zu verlieren.

Hier müssen wir sehr genau differenzieren. Es geht nicht darum, den Verlust zu suchen oder zu wollen. Es geht nur um die *Bereitschaft* zum möglichen Verlust. Dies wird vor allem durch den Verzicht auf das, was wir behalten und bewahren wollen, erreicht!

Da muss der Vertriebsmitarbeiter nun durch. Schweren Herzens entschließt er sich, der Empfehlung seines Anwaltes zu folgen. Er pokert. Er signalisiert der Geschäftsleitung, er hätte selbst bei einer Kündigung keine finanziellen Probleme. Die Geschäftsleitung, die fest damit rechnet dass der Familienvater angesichts der fristlosen Kündigung und dem anschließenden Gerichtsprozess in die Knie geht, ist nun verunsichert und sucht eine Einigung.

Der Anwalt, der das Unternehmen berät, sagt zum Geschäftsführer: „Wenn Sie ihm jetzt fristlos kündigen, hat er zwar zunächst kein Einkommen. Wenn er aber den Fall gewinnt, müssen Sie alles nachzahlen. Ich sage es Ihnen ehrlich: Die Wahrscheinlichkeit ist hoch, dass er den Fall gewinnt. Zumal Sie einige Vertriebsmitarbeiter beschäftigen, die nicht solange wie er im Unternehmen sind, zwei davon sind nicht einmal verheiratet."

Man einigt sich am Ende auf neun Monate Abfindung. Und das wiederum erhöht die Chancen des (im Grunde) verängstigten, aber mutig handelnden Familienvaters, auf dem Arbeitsmarkt „in aller Ruhe" einen neuen Job zu finden.

Der Familienvater hat die Angst in sich nicht tilgen können. Aber er hat die Entscheidung anders, also angstfrei treffen können – und das wurde belohnt. „Gut verhandelt", kann man nur sagen.

Wir verhandeln nie um das Verhandlungsobjekt!

Wir führen Einkaufsverhandlungen, Verkaufsverhandlungen, Partnerschafts- oder auch Streitverhandlungen. Aber, ähneln sich diese Verhandlungen? Und ist es möglich, die einmal erworbenen Verhandlungskenntnisse in jeder Verhandlung einzubringen? Oder benötigt man, je nach Verhandlungsobjekt andere Verhandlungsmethoden?

Wenn wir verhandeln, verhandeln wir nie um das Verhandlungsobjekt! Wir verhandeln immer um den Mehrwert des Verhandlungsobjektes für die Beteiligten. Doch nicht alle Verhandlungsbeteiligten spielen dabei eine Rolle. Wichtig sind die Personen, welche die Entscheidung tragen oder diese beeinflussen. Das Verhandlungsobjekt an sich ist immer austauschbar. Es macht somit keinen Unterschied, ob Sie um 100 000 Kilo Kaffee, 100 Millionen Liter Öl, den nächsten Urlaubsort oder um eine Geisel verhandeln!

Bei einer Verhandlung geht es immer um Menschen, ihre Interessen und ihre Albträume. Und es sind genau diese Faktoren, die eine Entscheidungsfindung möglich machen.

Zugleich verhandeln wir, um die Entscheidungsfindung auf der „anderen Seite" in unserem Sinne zu beeinflussen. Das ist der Grund, warum wir überhaupt verhandeln.

Der Verhandlungskontext, also die Rahmenbedingungen müssen immer detailgenau berücksichtigt werden. Doch diese können auch dann differieren, wenn das gleiche Verhandlungsobjekt vorliegt. Ausschlaggebend sind also die Menschen, ihre Interessen, ihre Ängste und deren Verzahnung mit dem Mehrwert des Verhandlungsobjektes – darum geht es immer.

Deshalb: Wer die Strategien und Taktiken einer Verhandlung verinnerlicht hat, wird diese Fähigkeiten in allen Verhandlungsarten einbringen können. Und wenn Ihnen nun die Verhandlung um den nächsten Urlaubsort schwieriger erscheint als das Tauziehen beim G8-Gipfel, dann deshalb, weil die Verhandlungsakteure, ihre Motivlage und deren Verzahnung mit dem Verhandlungsobjekt eine Verhandlung und deren Schwierigkeitsgrad ausmachen. Ein Streit um den nächsten Urlaubsort kann folglich tatsächlich genauso hart sein wie eine hochpolitische Verhandlung.

Die schnelle Verhandlungsvorbereitung

Eine Verhandlung sollte nicht ohne eine gründliche Vorbereitung gestartet werden. Die Zeit und die Energie, die Sie in die Vorbereitung investieren, sollten mit dem möglichen Ergebnis korrelieren. Wichtige oder monetär gewichtige Verhandlungen rechtfertigen einen höheren Vorbereitungsaufwand, weniger wichtigere Verhandlungen einen geringeren. Sofern dieser Aspekt geklärt ist, können Sie mit der eigentlichen Vorbereitung starten.

Die Verhandlungsvorbereitung beginnt, im Gegensatz zu dem, was man oft hört und liest, nicht mit der Strategieentwicklung. Die Vorbereitung einer Verhandlung startet mit der Informationsgewinnung. Wir benötigen zunächst Informationen über die Organisation und die Personen, mit denen wir verhandeln. Dabei gibt es keine Nebensächlichkeiten. Jede Information kann relevant sein. Jedes Puzzleteil kann helfen, die Absichten und Motive des anderen besser zu verstehen. Es kann beispielsweise von Bedeutung sein, ob der Verhandlungsführer auf der anderen Seite verheiratet ist oder nicht, ob er letzte Woche krank war und woran er litt! Keine Information ist überflüssig oder frei von Bedeutung, sondern als Teil eines Ganzen zu sehen und zu bewerten.

Sie starten also mit dem Sammeln von Informationen über Ihren Verhandlungspartner. Wenn der Verhandlungspartner in einer Organisation eingebunden ist, dann auch über die Organisation bzw. das Unternehmen.

Stellen Sie sich einen Fragenkatalog zusammen: Wo ist die Organisation heute? Wo sieht man sich in drei oder fünf Jahren? Was bedeutet das in Zahlen? Wer sind die Lieferanten und Kunden? Gibt es sonstige Beziehungen und Abhängigkeiten? Wie wichtig ist die Verhandlung bzw. das Verhandlungsziel für die Gegenseite? Welche Wettbewerber hat die Organisation bzw. das Unternehmen? Welche kurzfristigen, mittelfristigen und langfristige Ziele hat das Unternehmen? Welche kulturellen Werte vertreten sie wirklich (hier sind nicht die üblichen Angaben auf der Internetseite, Rubrik „Unternehmensphilosophie" gemeint)? Wie sind die Entscheidungsfindungsprozesse in dieser Organisation?

Darüber hinaus sollte nicht nur die Person des Verhandlungsführers auf der anderen Seite unter der Lupe genommen werden. Am besten recherchieren Sie über alle Personen, die die Entscheidung bezüglich des Verhandlungsergebnisses tragen oder beeinflussen können. Ihnen muss klar sein, wie diese Menschen „ticken". Welche Interessen haben sie? Welche geschäftlichen, welche persönlichen und privaten Interessen verfolgen sie? Konkurrieren diese Interessen miteinander? Welche Ängste und Albträume haben sie? Was sind ihre Sorgen? Welche Bedeutung hat das mögliche Verhandlungsergebnis für diese Menschen?

Am besten stellen sie für jede Person eine Liste der möglichen Interessenfelder und Angstszenarien auf. Um diese zu präzisieren, benötigen Sie die bereits gesammelten Informationen über die Personen. Wichtig dabei: Schauen Sie auf die Handlungen! Jede Verhaltensweise, jede

Handlung ist ein Indiz für die dahinter liegende Entscheidung und die Triebkraft. Dass ein Verhandlungspartner einen Termin vereinbart oder überhaupt anruft, ist oft wichtiger als seine Aussagen bei dem Treffen oder Telefonat. Er ruft an, er trifft sich mit Ihnen, also ist er interessiert, auch wenn er bei dem Treffen (oder Telefonat) das Gegenteil behaupten sollte.

Es gibt allerdings viele weitere denkbare Konstellationen, in denen sich Handlung und Aussage eines Verhandlers entsprechen oder widersprechen. Der Vergleich von Handlungen und Aussagen hilft uns, um die Motivation des anderen besser zu verstehen. Mehr über die Kunst der Deutung von Entscheidungen erfahren Sie im Kapitel IV „Entscheidungen lügen nicht".

Das Aufspüren der Motivation der Verhandlungspartner ist häufig der aufwendigste Teil der Verhandlungsvorbereitung.

Nach diesem Schritt oder parallel hierzu, sollten die Verhandlungspositionen strukturiert werden. Mit Verhandlungspositionen sind genau die Posten gemeint, welche im Vertrag als Position aufgeführt werden, z.B. Preis, Menge, Termine und sonstige Vereinbarungsdetails. Es wird Ihnen nicht gelingen, alle Positionen bei der Verhandlungsvorbereitung aufzulisten, da diese in einem Vertrag häufig von hoher Anzahl sind.

Deshalb sollten Sie bei den Positionen Prioritäten setzen und nur die wichtigsten Positionen bei der Vorbereitung auflisten. Es ist durchaus denkbar, dass Sie für eine 100-Millionen-Euro-Verhandlung lediglich fünf oder sieben Positionen auflisten.

Auf die Menge kommt es nicht an. Je mehr Papier Sie bei der Vorbereitung erzeugen, umso wahrscheinlicher ist es einen „Roman" zu produzieren, den keiner liest oder umsetzt. Je weniger und komprimierter die Vorbereitung, umso besser.

Nachdem Sie die Positionen aufgelistet haben, sollten diese mit Werten, z.B. 500 Tausend Euro als Startwert, ergänzt werden. Es hat sich als sinnvoll erwiesen, jeweils einen Minimalwert und einen Maximalwert als eigene Positionierung und jeweils einen Minimalwert und Maximalwert als Annahme für die Positionierung des Verhandlungspartners zu notieren.

Der nächste Schritt ist ein Blick auf die bestehenden Machtverhältnisse. Welche Abhängigkeiten existieren zwischen Ihnen und dem Verhandlungspartner und ganz wichtig: in welcher Richtung?
Welche Alternativen haben Sie, wenn Sie auf die aktuellen Verhandlungen verzichten wollen und welche Alternativen hat Ihr Verhandlungspartner? Wie gut oder schlecht, wie sicher oder unsicher sind diese Alternativen?

Gehen Sie davon aus, dass eine Vorbereitung nie komplett und einwandfrei fertig sein wird, wenn Sie die Verhandlungsinteraktion mit dem Gegenüber beginnen. Eine Vorbereitung kann sich im Laufe der Verhandlung wiederholen und komplettieren, da Sie weitere Informationen gewinnen.

Die Phasen der Vorbereitung und Durchführung können also nicht strikt getrennt werden, sondern sind überlappend.

Zu einer Vorbereitung gehört natürlich auch die Vorbereitung der Strategie und Planung der Maßnahmen, also die Taktiken.

Sie können dazu tief gehende Analysen durchführen und festlegen, ob Sie eine kooperative Strategie, eine kompromiss-orientierte, eine vermeidende, eine anpassende (Unterordnung) oder konkurrierende Strategie verfolgen möchten.

Da sich tief gehende Analysen erfahrungsgemäß vom eigentlichen Sachverhalt immer mehr entfernen, empfehle ich bei der Strategiebildung vor allem zwei Aspekte im Auge zu behalten.

1. Wie wichtig ist Ihnen das Verhandlungsobjekt, also die Sache?
2. Wie wichtig ist Ihnen die Beziehung mit dem Verhandlungspartner?

Wenn man diese beiden Aspekte als jeweils eine Achse eines Koordinatensystems betrachtet, sollten sie jederzeit sagen können, wo ihr Verhandlungsfall sich auf diesem Koordinatensystem befindet.

Taktiken sind alle Aktionen und Maßnahmen, die Sie durchführen, um Ihr Ziel zu erreichen. Dabei haben sich die Maßnahmen, also die Taktiken, der Strategie unterzuordnen.

Wenn Sie sich zum Beispiel dafür entscheiden, Ihre Verhandlungsziele ungeachtet der Interessenlage der Gegenseite durch „Druckausübung" durchzusetzen, so ist Ihre Strategie eine Konkurrierende. Sie bestimmt all ihre mittel- und langfristigen Pläne. Nun müssen sich alle die Aktionen, also die Taktiken, dieser Strategie unterordnen.

Also: Sie setzen kurzfristige Termine, drohen bei Nicht-Einhaltung von Vereinbarungen mit Strafaktionen oder stellen den frühzeitigen Abbruch der Verhandlungen in Aussicht. Kooperative Taktiken, wie zum Beispiel die Gegenseite bei der Gestaltung der Sitzungsagenda einzubeziehen, sind mit der gewählten Strategie nicht mehr vereinbar, es sei denn sie dienen der Täuschung.

Im Allgemeinen kann man sagen, die Strategie hat langfristigen Charakter und bildet den Gesamtrahmen für alle Aktionen und Maßnahmen, also die Taktiken, die einen eher kurzfristigen Charakter haben.

Wenn Sie die angeführten Punkte erfüllen, ist die Schnellvorbereitung einer Verhandlung abgeschlossen. Sie können nun mit der Umsetzung starten.

Wie bereits erwähnt, sollten sie aber damit rechnen, dass die Vorbereitung in späteren Verhandlungsphasen wieder durchgeführt bzw. optimiert werden muss, da mehr Informationen vorliegen.
Wichtig: Unsere Geschäftswelt und auch das Privatleben lassen selten Raum und Zeit für eine Verhandlungsvorbereitung. Es ist nicht üblich, also macht man es nicht.

Ich habe bereits viele Fälle betreut, in denen die Akteure eine Vorbereitung für überflüssig hielten und dies begründeten mit den Worten: „Dafür haben wir keine Zeit."

Aber, was Sie nicht vorbereiten, wird Sie später einholen. Die Verhandlung nimmt sich die Zeit, die Sie ihr nicht geben.

Wer aus Zeitmangel auf eine Vorbereitung verzichtet, handelt wie ein Flugkapitän, der auf den Routinecheck seiner Fluginstrumente verzichtet, um Zeit zu sparen, also grob fahrlässig. Ich kann Ihnen nur dringend empfehlen, Ihren Routinecheck zu machen.

Eine Verhandlung kommt selten allein

Vertriebsmitarbeiter sprechen oft davon, dass das „interne Verkaufen" schwieriger sei als das externe Verkaufen. Mit einem potenziellen Kunden Verkaufsverhandlungen zu führen scheint offenbar einfacher als mit Kollegen um Ressourcen, Zusagen, Termine und Garantien für ein Produkt zu verhandeln. Fakt ist: Die internen Verhandlungen gehören dazu, sie sind Voraussetzung für den Verkauf eines Produkts. Und beim Tauziehen um eine Verhandlungssache führt man selten nur *eine* Verhandlung.

Recht schmerzhaft musste das die sozialdemokratische Anwärterin auf das Amt des hessischen Ministerpräsidenten (in der Bundesrepublik Deutschland) im Jahre 2008 erfahren. Sie verhandelte intensiv um mögliche Regierungskoalitionen in Hessen und verlor dabei etwas Entscheidendes aus den Augen: Das Verhandeln in der eigenen Partei. Sie investierte nicht genug Zeit und Energie in die internen Verhandlungen und wurde damit sehr unsanft auf den Boden der Verhandlungstatsachen zurückgeholt. Vier SPD-Parteifreunde verweigerten ihr die Stimme, woran sowohl die Verhandlung um eine Koalition als auch die Aussicht auf das Amt des Ministerpräsidenten scheiterte. Es gelang ihr nicht, die Bedürfnisse und Anliegen der Weggefährten in der eigenen Partei ausreichend zu berücksichtigen. Und das erwies sich als folgenreicher Fehler.

Dasselbe Phänomen kann man täglich in vielen Organisationen und Unternehmen erleben. „Das müssen die doch verstehen", bekommt man dann zu hören. Das heißt so viel wie: Wir wollen intern keine Verhandlungen führen. Vielmehr wird vorausgesetzt, dass die Kolleginnen und Kollegen einem ohne weiteres entgegen kommen. Die Interessen und Bedürfnisse von Personen in den eigenen Reihen werden aber damit missachtet.

Eine Verhandlung kommt selten allein. Gewöhnen Sie sich daran: Sie haben fast nie nur eine Verhandlung zu führen. Eine Einkaufsverhandlung geht fast immer mit einer internen Verkaufsverhandlung einher, wie auch eine Verkaufsverhandlung mit der Verhandlung um Ressourcen im eigenen Unternehmen verknüpft ist. Das anzuerkennen ist schon der erste Schritt. Selbstverständlich muss sowohl in der einen als auch in der anderen Verhandlung Zeit, Mühe und Energie investiert werden, damit die Gesamtverhandlungen gut verlaufen. Das ist nicht leicht. Aber diese Mechanismen zu missachten, macht das Verhandeln nur schwieriger.

Multilaterale Verhandlungen

Multilaterale Verhandlungen zeichnen sich dadurch aus, dass nicht die tatsächlich beste Lösung, sondern die politisch beste Lösung stets erreicht werden kann. Denn bei multilateralen Verhandlungen werden nicht nur der kleinste gemeinsame Nenner der Interessen der Beteiligten berücksichtigt, sondern oft auch die Einzelinteressen, welche keine gemeinsame Basis bilden.

Für die Mehrheit ist der kleinste gemeinsame Nenner der Interessen zwar in der Regel die theoretisch beste Kompromisslösung. Sie scheitert allerdings oft an der Annahme, dass Menschen bei Verhandlungen nur vernunftorientierte Entscheidungen treffen. Außerdem ignoriert sie die Tatsache, dass vorhandene Machtverhältnisse die Erwartungshaltung der Beteiligten erheblich beeinflussen.

Dass die Interessen aller wahrgenommen werden, setzt die Kompromissbereitschaft derjenigen voraus, die bei einem direkten Machtkampf mehr erreichen können sowie derjenigen, die eine große Erwartungshaltung mitbringen und sich dazu berechtigt sehen. All diese Personen und Gruppen glauben eine bessere Alternative als die ausgewogene Kompromisslösung erreichen zu können oder verdient zu haben.

Zusammenfassend kann also sagen: Eine Verhandlungslösung, welche Rangordnung, Erwartungshaltung und Machverhältnisse einer Gruppe berücksichtigt, erreicht nicht unbedingt eine gerechte oder faire Lösung, aber eine pragmatische und umsetzbare Lösung. Alles andere scheitert oft an der harten Realität der unausgesprochenen Wünsche und Bedürfnisse bei multilateralen Verhandlungen.

Das ist aber keine Empfehlung, per se immer die pragmatisch beste Lösung anzuvisieren und Aspekte wie Gerechtigkeit, Fairness und Moral beiseite zu lassen. Vielmehr soll es aufzeigen, warum und woran multilaterale Verhandlungen scheitern, und warum diese sehr oft als schwierig bezeichnet werden.

Die Kluft zwischen Theorie und Praxis ist nirgendwo so groß wie bei multilateralen Verhandlungen. Wer solche Verhandlungen führt und die Zufriedenheit aller Beteiligten erreicht, kann sich wahrlich als einen guten Verhandlungsführer bezeichnen.

Andere Länder, andere Verhandlungs-Sitten

Nicht jedes Land verhandelt gleich. Andere Länder, andere Verhandlungssitten. Das gilt auch für unser nächstes Beispiel: Mehrere Unternehmen versuchten sich bei einer Kooperationsstrategie auf europäischer Ebene zu einigen. Nachdem die Engländer, welche die Verhandlungsführung in diesem Fall hatten, mehrere ergebnislose Sitzungen mit dem deutschen Team hinter sich hatten, fassten sie einen Entschluss: Sie wollten sich auf eine Kompromisslösung mit den Deutschen einlassen, um diese später über Bord zu werfen und die gewünschte Einigung zu implementieren. Die Engländer hielten es auch für richtig, das französische Team erst einmal außen vor zu lassen, bis eine Einigung mit den Deutschen erzielt wurde. Sie glaubten, damit schneller ans Ziel zu kommen.

Nach dem Kompromiss mit den Deutschen, versuchte das englische Team mit den Franzosen zu verhandeln. Doch diese sperrten sich gegen jede Form der Annäherung.

Also konzentrierte sich das Team von der Insel wieder auf die Deutschen. Aber statt bei einem Folgetermin die mit den Deutschen vereinbarte Kompromisslösung über Bord zu werfen, kam aus Deutschland ebenso eine Absage. Das deutsche Team wollte mit allen Mitteln an der erreichten Einigung festhalten.

Die Verhandlung schien auf allen Seiten blockiert. Was war passiert?

In diesem Fall haben wir es mit multilateralen Verhandlungen mit kulturellen Aspekten zu tun. Sachlich betrachtet war das Vorgehen der Engländer in Ordnung. Sie wollten schrittweise eine Lösung erzielen, welche die Interessen aller Beteiligten berücksichtigt. Sie glaubten, dass Einzelverhandlungen mit den involvierten Parteien sich einfacher gestalten würden als Verhandlungsrunden mit allen Beteiligten. Was sie dabei aber außer Acht ließen, waren kulturelle Aspekte, die landsmännischen Erwartungen der Beteiligten sowie auch die empfundene Rangordnung der Verhandlungspartner!

Das englische Team hätte sich viel eingehender über die kulturellen Werte und Geschäftsgepflogenheiten der beteiligten Länder informieren müssen. Gerade dann, wenn man meint, die Kultur des anderen zu kennen – „ Das sind doch auch Europäer" – kann es die größten Missverständnisse geben.

Die deutsche Delegation hat zum Beispiel nicht aus taktischen Gründen oder gar aus Bosheit an der einmal erreichten Einigung festhalten wollen, sondern sie taten dies, weil Deutsche so sind. Weil es einen kulturellen Wert der Deutschen bedeutet: Eine Vereinbarung bricht man nicht. Ob im privaten oder im geschäftlichen Kontext werden Einigungen und Abmachungen in Deutschland respektiert. Man wirft sie nicht ohne weiteres über Bord. Ganz anders im angelsächsischen Raum, wo man Entscheidungen und Abmachungen viel freier revidiert und erneut verhandelt.

Den Bogen überspannt hat das englische Team, als sie die Franzosen zunächst außen vor ließen. Franzosen haben, insbesondere bei innereuropäischen Verhandlungen einen klaren Führungsanspruch. Den Franzosen ist es wichtig, als Leitfigur an der europäischen Spitze anerkannt und akzeptiert zu werden. Wichtiger noch, als tatsächlich zu führen. Das Nicht-Einbeziehen der Franzosen in der Startphase haben diese als verachtend und degradierend empfunden. Genau das gegenteilige Gefühl hätten die Engländer bei den Franzosen initiieren müssen, nämlich, geehrt, geachtet und bewundert zu werden.

Einige, vermeintlich subtile Fehlgriffe auf der Ebene der kulturellen Soft-Skills schlugen sich wie harte Fakten in den Verhandlungen nieder und blockierten diese. Gewiss wäre die Chance einer Einigung für die Engländer viel größer, wenn sie auf diese „soften" Aspekte geachtet hätten.

Jede Verhandlung über die eigenen nationalen, manchmal auch regionalen Grenzen hinweg, beginnt erst einmal mit dem Verstehen der kulturellen Werte des Verhandlungspartners. Dies gilt für alle interkulturellen Verhandlungen.

Viel Lärm um nichts

Die Anspannung ist groß: Vor jeder Verhandlung legen sich die jeweiligen Verhandlungspartner die Argumente, Gründe und Folgerungen zurecht, mit denen sie beim anstehenden rhetorischen Disput glänzen wollen. Wenn es zum Show-Down des rhetorischen Könnens kommt, versucht jede Seite beharrlich und ausdauernd durch die Redekunst zu dominieren.

Die Frage ist: Warum tun wir das überhaupt? Und, ist so ein Vorgehen überhaupt zweckmäßig?

Ein Beispiel: Ein erfahrener Vertriebsmitarbeiter hat mit einem IT-Verantwortlichen eines mittelständigen Unternehmens lange Gespräche über den Ausbau der firmeneigenen IT-Landschaft geführt. Der IT-Mann sagt, ihm sei eine Homogenisierung der IT-Landschaft sehr wichtig. Der Vertriebler erwidert, er könne die passende Komponente für eine Vereinheitlichung bieten. Was faktisch richtig ist. Doch der IT-Leiter geht darauf nicht ein! Den Begründungen und Argumenten des Anbieters hat der IT-Leiter nichts entgegen zu setzen. Dennoch bleibt er standhaft und lehnt das Angebot ab. Der Vertriebsmitarbeiter hat seine ganze Redekunst eingesetzt. Auf rhetorischer Ebene hat er diesen Disput um die Wahrhaftigkeit klar gewonnen. Die Verhandlung aber hat er verloren! Er hat am Ende nicht verkauft.

Wir investieren bei Verhandlungen viel Energie, unseren Verhandlungspartner wortreich zu dominieren. Wir glauben ihn überzeugt zu haben, wenn es uns einmal gelingt ihn zu überreden!

Tatsächlich ist das Überreden nichts anderes, als einen Gesprächspartner rhetorisch in der Ecke zu drängen. Er stimmt innerlich der Sache noch längst nicht zu, hat aber auch argumentativ nichts entgegen zu setzen. Er ist nicht überzeugt. Überzeugt ist er erst, wenn er uns in der Sache zustimmt. Wenn er bereit ist, die Entscheidung in unserem Sinne zu treffen.

Wenn wir verhandeln, machen wir das nur aus einem Grund, wir wollen die Entscheidungsfindung bei der Gegenseite in unserem Sinne beeinflussen. Die Rhetorik bietet dafür nur bedingt Gestaltungsmöglichkeiten. Oft sind es Handlungen, die einen Verhandlungspartner dazu bewegen seine Entscheidung so und nicht anders zu treffen.

Ein weiteres Beispiel: Ein Vertriebsmitarbeiter lässt einem Einkäufer ein Angebot zukommen. Der Einkäufer ist mit dem angebotenen Preis absolut nicht zufrieden. Also greift er zum Hörer und versucht wortreich, den Vertriebsmitarbeiter dazu zu bewegen, ihm einen besseren Preis zu bieten. Das wird ihm, wenn überhaupt, nur sehr eingeschränkt gelingen. Stellen Sie sich nun vor, derselbe Einkäufer wartet erst einmal drei Wochen, ehe er sich bei dem Vertriebsmitarbeiter meldet. Die Wahrscheinlichkeit, dass dieser ihm – ohne einen Redestreit – preislich entgegen kommt, ist nun viel höher.

Warum ist das so?

Nun, im ersten Fall geht der Vertriebler durch die schnelle Rückmeldung der Gegenseite davon aus, das Geschäft zügig abschließen zu können. Er schließt auf aktuellen Bedarf.

Im zweiten Fall ist der Vertriebler eher bereit, dem anderen entgegen zu kommen – ohne Argumente, ohne rhetorische Überzeugungskunst. Denn er befürchtet, das Geschäft zu spät oder überhaupt nicht abzuschließen.

Im ersten Fall sieht der Vertriebsmitarbeiter sein Interesse berücksichtigt. Im zweiten Fall ist es die Verlustangst, die den Vertriebler antreibt. Mit einem wortreichen Dominieren hat das ganze wenig zu tun.

Wenn wir verhandeln, um die Entscheidung auf der anderen Seite zu beeinflussen, sollten wir uns immer bewusst sein: Handlungen können die Entscheidungsfindung des Verhandlungspartners stärker beeinflussen als Begründungen und Argumente.

Die Tatsache, wann der Einkaufsleiter im genannten Beispiel anruft, ist wichtiger als das, was er am Telefon zu sagen hat.

Viele glauben, eine Verhandlung beginne am Verhandlungstisch, wenn Verträge und Argumente ausgepackt werden. Das ist ein Irrglaube. Eine Verhandlung beginnt bereits beim ersten Händeschütteln mit dem Verhandlungspartner. Im Grunde beginnt sie noch früher. Weil alle Handlungen der beiden Parteien ab diesem Moment einen Einfluss auf die Entscheidungsfindung (und das Verhandlungsergebnis) haben. Es ist daher ratsam, diese Zwischenschritte bewusst und überlegt zu gestalten. Nur so kann man das erwünschte Ergebnis erzielen. Wer so vorgeht, kann es sich auch leisten, bedeutend weniger zu reden.

Nicht unter Wert verkaufen

Die Geschäftsfrau aus Mitteleuropa ist sich sicher: Engländer sind die besseren Verhandler. „Die wachsen doch damit auf", behauptet sie, "ja, die lernen so was schon an der Universität!" Auf die Frage, ob sie auch englische Frauen für gute Verhandlerinnen hält, zögert sie. „Im Grunde schon", sagt sie, „aber ... nein, nicht wirklich!" Sie ist selbst verwundert über diese Aussage. Der Hintergrund: Die erfahrene Geschäftsfrau sollte einige Verhandlungen in Großbritannien führen. Zur Vorbereitung beschäftigte sie sich mit England und Engländern. Sie wollte verstehen, warum sie die Engländer für die besseren Verhandler hält. Bei ihrer Suche und ihren Analysen stellte sie allerdings fest, dass sie nicht nur Engländer, sondern Männer im Allgemeinen für die besseren Verhandler hält! Das war ihr bisher nicht bewusst.

Es versteht sich von selbst, dass die Geschäftsfrau die Verhandlung mit einem „guten" Verhandler, natürlich männlichen Geschlechts, ganz anders eröffnen würde als eine Verhandlung mit einem nicht ganz so „guten" Verhandler, also weiblichen Geschlechts. Und es versteht sich ebenfalls von selbst, dass die Annahme, wer gut und wer schlecht ist mit der Realität nichts zu tun hat. Denn: Für unsere Geschäftsfrau sind alle Männer gute Verhandler und alle Frauen schlechte Verhandler!

Diese Bewertung des Verhandlungspartners wird in einem solchen Fall lange vor einer möglichen Verhandlung vorgenommen. Und die eigenen Forderungen und Erwartungen werden an der vorgenommenen Wertung justiert. Im Klartext heißt das: Ginge es in der Verhandlung um Geldsummen, würde die Geschäftsfrau die Verhandlung mit einem männlichen Verhandlungspartner mit einem niedrigeren Wert (zugunsten des Gegenübers) eröffnen als die Verhandlung mit einer weiblichen Verhandlungspartnerin. Sie vergibt die Verhandlungsposition noch vor dem ersten Kontakt mit dem Verhandlungspartner, noch bevor die Verhandlung in Form des offenen Austausches mit dem anderen überhaupt begonnen hat.

Die Bewertung, die die Geschäftsfrau vornimmt, ist im Grunde keine Bewertung des anderen, sondern eine Bewertung ihrer eigenen Person! Sie hält Männer prinzipiell für die besseren Verhandler und justiert ihre Verhandlungsforderungen hieran.

Es ist ein großer Schritt, einen solchen Prozess in sich überhaupt zu erkennen. Es ist ein noch größerer Schritt, ebenso zu erkennen, dass das angeschlagene Selbstwertgefühl der Grund für die prinzipielle und damit unrealistische Aufwertung von Verhandlern männlichen Geschlechts, und Abwertung von Verhandlern weiblichen Geschlechts ist. Wobei die Abwertung des weiblichen Geschlechts für die Geschäftsfrau zugleich die Abwertung der eigenen Person ist.

Das Selbstwertgefühl hat eine direkte und erhebliche Wirkung auf die Verhandlungsführung und auf jegliches Verhandlungsergebnis.

Eine Verhandlung beginnt lange vor der Verhandlung mit der Gegenseite. Sie beginnt in uns selbst und mit uns selbst. Lange bevor wir uns mit der Gegenseite beschäftigt haben. Im erwähnten Fall ist die Verhandlung um das eigene Selbstwertgefühl die Ursache für Zugeständnisse, die gar nicht als solche wahrgenommen werden.

Der Fall ist ein weiteres Indiz dafür, dass unsere „inneren" Abläufe eine direkte Wirkung auf die Abläufe „draußen" haben. Für die Geschäftsfrau ist es unabdinglich am eigenen Selbstwertgefühl zu arbeiten, dieses zu steigern, um die Verhandlung auch mit männlichen Verhandlungsführern (aus England) souverän und gut führen zu können.

Humor beim Verhandeln!

Humor ist eine heikle Sache. Doch gezielt eingesetzt, kann er das Eis brechen.

Ein Beispiel: Die Verhandlungsdelegation eines westlichen Unternehmens trifft in Fernost auf die Partnerdelegation. Es stehen harte Verhandlungen an. Das Team aus Fernost hat zum Abendessen eingeladen. Man trifft sich im Hotel und versucht auf dem Weg zum Restaurant ein wenig Small-Talk. Das erscheint schwierig. Die meisten Teammitglieder des asiatischen Teams sprechen kein Englisch, ein extra verpflichteter Dolmetscher tut aber sein Bestes. Vor dem Restaurant angekommen, klärt der asiatische Gruppenführer, der ebenfalls kein Englisch spricht noch einiges zum Ablauf des Abends. Als die Konversation übersetzt und beendet ist, möchte er wissen, ob man noch Fragen habe. Ein Mitglied des westlichen Teams sagt dem Übersetzer mit einem freundlichen Schmunzeln: „Können Sie die fragen, warum die alle so ähnlich aussehen?" Etwas erschrocken schaut der Übersetzer den Mann für einen kurzen Moment an, und fängt dann an zu übersetzen. Fast alle Mitglieder der westlichen Gruppe schauen den Fragenden fassungslos an. Es ist eine starke Anspannung zu spüren. Nach dem Einsatz des Übersetzers, unterhalten sich die Asiaten. Die Westler verfolgen nervös jede Geste. Leichtes Schmunzeln ist zu sehen, aber auch Stirnrunzeln. Der Gruppenführer der asiatischen Gruppe wendet sich an den Übersetzer. Dieser übersetzt: „Wir wollten Euch dasselbe fragen!"

Die Anspannung löst sich. Man lacht auf beiden Seiten. Das Eis ist gebrochen.

Es hätte auch schief gehen können. Weshalb auch das westliche Gruppenmitglied später vom Gruppenführer gerügt wird. Die asiatische Gruppe hätte die Frage beleidigend interpretieren und gekränkt reagieren können.

Humor im Verhandlungskontext ist ein mögliches Mittel, um Nähe zu erzeugen. Humor ist im Verhandlungskontext aber immer auch risikobehaftet. Die Wirkung von Humor kann allerdings die Gesprächsatmosphäre massiv zum Positiven beeinflussen.
Menschen kommen einander näher und vertrauen einander, wenn sie gemeinsam Handlungen vollenden. Das gemeinsame Essen, was im geschäftlichen Rahmen sehr häufig arrangiert wird, ist eine der vielen Möglichkeiten etwas gemeinsam zu tun und zu vollenden. Danach ist man sich ein Stück näher gekommen.

Diese bindende Wirkung wird viel intensiver, wenn Menschen nicht nur mechanisch gemeinschaftliche Handlungen durchführen, sondern auch die gleichen Gefühlsregungen zur selben Zeit erleben. Nah bin ich einem Menschen, wenn er fühlt, was ich fühle.
Genau dafür sorgt Humor. Denn die Wirkung von Humor, was sich äußerlich durch das Lachen zeigt, ist eine innerlich positive Gefühlsregung. Gemeinhin als Freude oder Heiterkeit bekannt. Wird diese Gefühlsregung gemeinsam und zur selben Zeit erlebt, erhöht sie das

Maß an Vertrauen und Verbundenheit zwischen den handelnden Personen. Sie erzeugt eine empfundene Zusammengehörigkeit und Komplizenschaft.

Darüber hinaus hat die Primärwirkung von Humor, das Lachen, eine entspannende Wirkung. Das Lachen sorgt, unabhängig vom Thema der Verhandlungsführung, für einen befreienden und loslösenden Effekt.

Viele erfahrene Verhandler sind sich der Wirkung von Humor bei der Verhandlungsführung auf einer subtilen Art bewusst und setzen diesen gekonnt ein. Oft haben sie zwar die beschriebenen Effekte nicht explizit realisiert, aber die Erfahrung hat ihnen gezeigt hat, dass es in der Regel besser läuft, wenn sie mit Humor agieren. Deshalb entscheiden sie sich für ein humorvolles Vorgehen, meist aus dem Bauch heraus.

Aus meiner Sicht wird die Wirkung von Humor beim Verhandeln sehr oft unterschätzt und noch häufiger überhaupt nicht in Erwägung gezogen. Humor sollte immer als ein taktischer Zug bedacht und bei Bedarf eingesetzt werden. Dabei sollte der Verhandler allerdings nicht vergessen: Das Spiel mit dem Humor ist immer eine Risikohandlung. Man kann auch mal übers Ziel hinausschießen.

Nie den Mut verlieren! – Scharfsinn und Schneid

Gewiss, es braucht Intellekt und Scharfsinn, um die passende Strategie und die notwendigen Taktiken für eine Verhandlung zu durchdenken und vorzubereiten. Die beste Strategie hilft allerdings nicht, wenn der Verhandler Angst hat und sich deshalb innerlich weigert diese umzusetzen.

Scharfsinn genügt nicht, es braucht auch Schneid. Zum Verhandeln gehört der Mut, das Geplante trotz Risiken und möglichen, schmerzhaften Konsequenzen durchzusetzen.

Das gilt auf Geschäftsebene wie im privaten Bereich.

Nehmen wir einen Ehestreit. Bei einem Streit zwischen Ehepartnern droht die Situation zu eskalieren. Die Partnerin zieht mit dem gemeinsamen Kind zu ihrer Freundin. Der Ehemann, der eine Trennung verhindern möchte, holt sich Rat bei einem Eheberater. Dieser empfiehlt, zunächst nichts zu tun und die nächsten Tage einfach vergehen zu lassen, bis sich Wut und Zorn auf beiden Seiten gelegt haben. Danach könne man frei von „Störungen" sachlich kommunizieren, sagt der Berater. Der Ehemann sieht dies ein. Auf der sachlichen Ebene.

Doch seine Gefühle machen nicht mit. Ihn plagt permanent die Angst, dass seine Frau ihn verlässt, sich einen Anwalt nimmt und finanzielle Forderungen geltend macht. Denn weitere Unterhaltszahlungen für

Ehefrau und Kind kann sich der bereits einmal geschiedene Ehemann nicht mehr leisten.

Er hat Angst seine Existenz zu verlieren. Mit dem Eheberater hat er vereinbart, mindestens drei bis fünf Tage vergehen zu lassen. Doch bereits am ersten Abend kann der Ehemann nicht einschlafen. Ihn plagen die Gedanken: Was wird, wenn seine Ehefrau sich einen Anwalt nimmt? Kann er sich die Unterhaltszahlungen leisten? Muss er das Haus verkaufen? Er malt sich aus, wie er an finanzielle Grenzen stößt. Er malt sich aus, wie er Hab und Gut verliert und schließlich auf der Straße landet. Er denkt an Selbstmord als Ausweg! Er denkt, dass er mit einer Waffe Selbstmord begehen würde – um keine Schmerzen zu spüren.

Im Strudel der Schreckensszenarien schläft er mit einem verzerrten und angespannten Gesichtsausdruck ein. Am nächsten Tag wacht er schweißgebadet und mit Kopfschmerzen auf. Die Existenzverlustängste sind immer noch da. Er fühlt sich miserabel. Ihm kommt ein Gedanke, eine Idee: Vielleicht erwartet seine Frau ja doch eine Reaktion von ihm, vielleicht ist sie enttäuscht, wenn er sich nicht meldet.
Weil er bei seiner Frau den Gang zum Anwalt fürchtet, weicht der Ehemann von der geplanten Strategie ab. Ihm selbst scheint das nicht bewusst zu sein. Die Idee hinter der Idee ist somit die Angst. Die Angst alles zu verlieren. Der Ehemann will das mit allen Mitteln verhindern. Doch sein Verhalten führt gerade zum Verlust.

Der Ehemann schaut auf die Uhr. Es ist noch früh, aber er ist von seiner Idee begeistert. Er ruft seine Frau auf ihrem Mobiltelefon an. Die Ehefrau meldet sich mit verschlafener Stimme. Sie ist nicht sonderlich erfreut über den erwartungsvollen Kontaktversuch ihres Ehemannes. Im Gegenteil: Sie beschwert sich, dass er so früh angerufen hat. Sie schlägt vor, das Gespräch auf den Nachmittag zu verschieben. Doch der Ehemann beharrt darauf, das Gespräch fortzuführen. Er insistiert, ob ihr das Thema nicht wichtig genug wäre. Die Ehefrau, noch wütend vom Tauziehen der vergangenen Tage, reagiert genervt. Es kommt zu einem weiteren Streit, in dessen Verlauf der Mann die Nerven verliert und ihr vorwirft an allem schuld zu sein. Ihre Reaktion ist vorhersehbar: Sie fühlt sich bestätigt, dass die Beziehung am Ende ist, sagt ihm das und legt auf.

Tatsächlich hätte der Ehemann einige Tage warten müssen, damit sich Wut und Ärger legen. Für ihn schien dieser Zustand bereits erreicht, da er keine Wut in sich selbst spürte. Der Grund ist allerdings nicht, dass die Wut bereits verarbeitet und verdaut war. Sondern die Angst in ihm war so stark, dass sie alles andere gänzlich verdrängte.

Die Situation, die er vermeiden wollte, ist nun wahrscheinlicher als zuvor.
Dem Mann wird somit genau die Situation widerfahren, die er eigentlich umgehen wollte.

Es ist völlig gleich, in welchem Verhandlungsszenario sich ein Verhandler befindet. Ob private oder geschäftliche Verhandlungen, ob Einkaufs-, Verkaufs- oder Streitverhandlungen. Die dargelegten Mechanismen gelten stets, wenn es etwas zum Verlieren gibt.

In solchen Fällen beginnt die Verhandlung, wie in vielen anderen Fällen, im Kopf. Erst wenn man sich die angstbehafteten Gedanken deutlich macht, erst dann kann man sie auch stoppen. Erst dann kann man auch Entscheidungen treffen, die als mutig bezeichnet werden können. Im Falle des Ehemanns wäre dies das längere Warten gewesen. Auch wenn es ihm sehr schwer fiel. Für ihn wäre genau *das* eine mutige Handlung gewesen.

Dem besten Denker nutzt sein Schafsinn nicht, wenn er nicht den Schneid hat, diesen auch in schwierigen Momenten einzusetzen.

Geduld ist die Tugend der Mächtigen

Ich habe eine Reihe von Versuchen unternommen, um den perfekten Verhandler zu analysieren, sein Know-how und vor allem seine Eigenschaften heraus zu arbeiten.

Ich wollte wissen, welche Eigenschaften eine Person mitbringen muss, um ein guter, gar der perfekte Verhandler zu sein?

Heute weiß ich, dass diese Frage sehr schwer zu beantworten ist. Es ist sogar fraglich, ob man sie überhaupt beantworten kann. Zumal die notwendigen Eigenschaften eines Verhandlers oder Verhandlungsführers je nach Verhandlungsrahmenbedingungen variieren können. Wer eine Liste der Eigenschaften aufsetzen will, die all die unterschiedlichen Verhandlungssituationen und die damit korrespondierenden Wunscheigenschaften enthält, wird feststellen, dass die Liste mit Sicherheit recht unübersichtlich und lang wird.

Einfacher und treffender kann die Frage nach dem perfekten Verhandlers beantwortet werden, wenn man den Spieß umdreht und fragt: Welche Eigenschaft sollte er nicht besitzen sollte – der perfekte Verhandler?

Und um die Sache realistisch zu betrachten: Den perfekten Verhandler wird es mit hoher Wahrscheinlichkeit nicht geben. Perfektion ist sicherlich erstrebenswert, aber kaum erreichbar. Also beschränken wir uns darauf, die unerwünschten Eigenschaften des „guten" Verhandlers zu eruieren.

Ein Beispiel: In einem Verhandlungsfall war der Inhaber eines Unternehmens, dessen Firma nach ihm benannt war, bereit den Kaufpreis für sein Unternehmen um einige Millionen zu reduzieren. Einzige Bedingung: Der Käufer sollte damit einverstanden sein, den Unternehmensnamen nach dem Kauf für eine gewisse Zeitspanne nicht zu ändern.

Betrachten wir nun die Absicht des Verkäufers. Sofern er sich durch die Fortführung seines Namens einen Marketingeffekt erhofft oder ausrechnet, bleibt die Verhandlung ausgewogen, wenn der günstiger Preis und der Marketingeffekt gegeneinander kalkuliert worden sind.

Wir können aber davon ausgehen, dass in diesem Fall eine solche Kalkulation nicht stattgefunden hat.
Marketingmaßnahmen mit einem ähnlichen Effekt wären zwar teuer, aber hätten keine Millionen gekostet. Der Inhaber hat deshalb auf die Millionen verzichtet, weil er bedeutend und berühmt sein und vor allem bleiben wollte.
Die Absicht macht den Fehler aus! Für seine Ruhmsucht muss er einen hohen Preis bezahlen. Wäre seine Absicht rein geschäftlicher Natur, hätte er für den erwünschten Effekt nicht den gleichen Preis bezahlt, sondern einen niedrigeren.

Eitelkeit und Hochmut (Superbia) gehören zu den sieben Todsünden. Mit Sicherheit gehören diese Eigenschaften auch auf der Liste der Verhandlungstodsünden.

Ein weiteres Beispiel: Der Vertriebsleiter eines Maschinenbauunternehmens ist hoch erfreut über die abgeschlossene Verhandlung mit dem Käufer in Fernost. Er berichtet der Geschäftsleitung in Mitteleuropa ganz euphorisch von seinem Siegeszug. In einem Telefonat schildert er ganz detailliert, wie es ihm gelungen ist, den Einkaufsleiter des Käuferunternehmens „einzulullen". Auf dem Rückflug feiert er mit entsprechend viel Alkohol und in euphorischer Stimmung kommt er auch an.

Doch schon am nächsten Tag, erfährt er, dass es Probleme bei der Abwicklung gibt. Nach eine Woche Sendepause, die Gegenseite hat sich nicht gerührt, schaltet man einen Fernost-Experten ein, um die Sache in den Gang zu bringen. Der Experte hört sich um, analysiert den Ablauf und kann der Geschäftsleitung danach vor allem vom Fehlverhalten des Vertriebsleiters nach der Vertragzeichnung berichten. Dieser habe die Vertragsunterzeichnung als eigenen Siegeszug zelebriert, heißt es und offen über die Verhandlungsniederlage der Gegenseite gesprochen. Das habe man auch vor Ort mitbekommen. Da nicht nur der Einkaufsleiter der Gegenseite, sondern auch deren Geschäftsführer in den Verhandlungen involviert war, droht dem Top-Management ein Gesichtsverlust. Man möchte nun auf den Deal verzichten, heißt es.

Zwar wird das Geschäft mit Hilfe des Experten am Ende doch noch abgeschlossen, aber es bleibt für den Vertriebsleiter eine lehrreiche Erfahrung. Siege sollte man nicht so feiern, dass die anderen wie Verlierer aussehen. Vor allem dann nicht, wenn man eine Folgebeziehung mit dem Gegenüber pflegen muss.

Was den Vertriebsleiter dazu bewog den tatsächlichen Sieg derart zu feiern, war nichts anderes als Eitelkeit und Hochmut.

———

Eine der weiteren Negativeigenschaften lässt sich ebenso in der Liste der Todsünden einreihen: die Wut (Ira).

Wer wütend ist macht Brettfehler, weiß man beim Schachspiel. Aber auch hier gilt es, genau zu differenzieren. Es geht nicht darum, nicht wütend zu sein. Es geht darum, obwohl man wütend ist, die Entscheidungsfindung nicht der Wut zu überlassen.

Wie die Angst lässt sich auch die Wut nicht von der einen auf der anderen Sekunde wegradieren. Sie geht nicht weg. Die Entscheidung, trotz der vorhandenen Wut, anders zu treffen, so dass die Wut nicht als Triebkraft wirkt, das ist die Kunst.

Auch dazu ein Beispiel:
Der Konflikt zweier Arbeitskollegen, jeweils Abteilungsleiter in einem Großunternehmen, um den offenen Posten der Bereichsleitung eska-

liert bei einem gemeinsamen Gespräch. Auf der verbalen Ebene streitet man sich zwar um die strategische Ausrichtung des Unternehmens, worum es aber eigentlich geht, ist der offene Posten. Der Streit, bei dem jeder das letzte Wort haben möchte, verschleiert nur den Kernkonflikt.

Am gleichen Abend erzählt einer der Kontrahenten seiner Ehefrau von der Diskussion: „… und als er das sagte, sagte ich zu ihm, dass der Vorstand die Sache anders sieht. Da hättest du sein Gesicht sehen müssen. Der war völlig verunsichert, aber auch wütend über die verpasste Chance. Das war ein Genuss!" Die Frau gibt sich besonnen: „Warum hast du das gesagt? Jetzt weiß er, dass Du dich mit dem Vorstand abgestimmt hast. Das wird er nicht auf sich sitzen lassen. Er versteht sich doch auch ganz gut mit dem Finanzvorstand. Jetzt wird er versuchen über ihn Einfluss auszuüben!"

Mit einer kurzen Bemerkung hat der Abteilungsleiter den rhetorischen Kampf mit dem Kollegen gewonnen. Aber er hat auch etwas verloren. Durch seine kurze Bemerkung hat er den anderen Abteilungsleiter darüber informiert, dass er sich wegen des offenen Postens mit dem Vorstand abgestimmt hat. Unser Abteilungsleiter hatte sich also Rückendeckung geholt, obwohl für den Posten ein internes Bewerbungsverfahren über die Personalabteilung vorgeschrieben ist. Nun hat er seine versteckte Volte verraten.

Das Resultat: Sein geschicktes Vorgehen wird wirkungslos verpuffen, da der Kontrahent Gegenmaßnahmen einleiten wird, wie die Ehefrau zu Recht bemerkte.

Unser Abteilungsleiter sitzt nun wie erstarrt vor seiner Frau. Er sieht seinen Fehler ein. Und er zerbricht sich den Kopf wie er einen solchen Fehler hat machen können.

Tatsächlich ist das eine gute Frage. Warum hat er diesen Fehler gemacht?

Die Antwort liegt auf der Hand. Lassen Sie uns die Aussage unseres Abteilungsleiters im Gespräch mit seiner Frau genauer betrachten. Er sagte: „Da hättest du sein Gesicht sehen sollen. Der war völlig verunsichert, aber auch wütend über die verpasste Chance. Das war ein Genuss!"

Im rhetorischen Schlagabtausch mit dem Rivalen hatte sich in unserem Abteilungsleiter Wut angesammelt. Als er die Möglichkeit hatte, ließ er eine Äußerung fallen, die den Gegenüber aus der Fassung brachte und diesen ebenso wütend machte. Damit erreichte der Abteilungsleiter sein Ziel. Er übertrug seine Wut auf den anderen und nahm dies auch noch genüsslich wahr, wie er seiner Frau verriet: „Das war ein Genuss!" Die Wut und Verunsicherung im Gesicht des anderen zu sehen, war dem Abteilungsleiter die Offenlegung von wichtigen, taktischen Informationen wert. Er hat die Verhandlungssache für seine Wut geopfert und zahlt nun den Preis dafür.

———

„Alle menschlichen Fehler sind Ungeduld", Franz Kafka.

Zwar gehört Ungeduld nicht zu den sieben Todsünden, aber auf jeden Fall zu den Verhandlungstodsünden. Welche Wirkung die Ungeduld beim Verhandeln hat, sieht man am besten, wenn man Verhandlungsführer beobachtet, die viel Geduld haben! Der Geduldige hat es nicht eilig, das Verhandlungsziel zu erreichen. Sachlich betrachtet, kann das nur zwei Gründe haben: Entweder ist er nicht besonders abhängig vom Ergebnis oder er hat gute Alternativen.

Die Konsequenz ist, dass der Verhandlungspartner die Machtposition des Wartenden als „gut" wahrnimmt. Denn tatsächlich hat beim Verhandeln derjenige die bessere Machtposition, der weniger abhängig vom Endergebnis ist oder die besseren Alternativen hat.

Was aber, wenn jemand keine guten Alternativen hat, recht abhängig vom Ergebnis ist und dennoch abwartend. Ob dieser nun blufft oder nicht, für so eine Haltung braucht die Person vor allem eins: Geduld. Prompt erzeugt er bei seinem Gegenüber den Eindruck, eine machtvolle Position zu haben.
Geduld ist die Tugend der Mächtigen. Sie zu besitzen kommt einer guten Machposition gleich. Ungeduld (dagegen) kann die beste Machtposition zunichte machen. Der Ungeduldige trifft Entscheidungen aus der Position des Unterlegenen heraus. Eine Position, die er

sich selbst, unabhängig von den tatsächlichen Rahmenbedingungen, zugewiesen hat.

Nicht in Ungeduld zu verfallen, setzt vor allem eins voraus: Die Fähigkeit, die Hoffnung in sich aufrechtzuerhalten.

———

Die schlimmsten Verhandlungsniederlagen sind aus meiner Sicht Kapitulationen. Vielen Verhandlern fehlt es zwar an sonstigen positiven Eigenschaften, aber ihnen gelingt es, ihr Vorhaben immer wieder durchzusetzen, indem sie beharrlich bei der Sache bleiben.

Wankelmut ist eine der destruktivsten Eigenschaften, die ein Verhandler besitzen kann. Sie zerstört Form, Ausdauer und Beständigkeit.

Wenn der Druck hoch ist, die Niederlagen einander die Hand geben und die Aussichten trübe sind, da fängt erst der Kampf an. Wer unentschlossen und zweifelnd an die Sache ran geht, wird früher aufgeben als ihm lieb ist.

Damit gehört Wankelmut ebenso auf unserer Liste der Verhandlungstodsünden.

———

Wer die Fassung verliert, der verliert auch die Verhandlung. Unbeherrschtheit gehört ebenso zu den Eigenschaften, die eine gut laufende Verhandlung ruinieren können. Die Fähigkeit, die eigene Wut zu kontrollieren und passend einzusetzen ist unentbehrlich. Dabei müssen nicht nur provokative Handlungen der Gegenseite dazu führen, dass man die Fassung verliert, sondern Antriebskräfte wie Euphorie und Begierde können ebenso ein unkontrolliertes, unbeherrschtes Agieren hervorrufen.

Wenn das erträumte Ziel so greifbar nahe scheint, ist man bestrebt vom Plan abzuweichen, sich der Sache hinzugeben, zu unterwerfen. Begierde und Euphorie können dazu führen, dass man unüberlegt handelt und sich entgegen aller Planungen festlegt, verhängnisvolle Zusagen macht oder wichtige Informationen preisgibt. Die Reue im Nachhinein ist allerdings groß.

Wer sich selbst nicht im Griff hat und während einer Verhandlung nicht mit Obacht und bedächtig vorgeht, wird auch seine Verhandlung nie im Griff haben. Entscheidungen, die nicht vorher durchdacht worden sind, Handlungen die nicht geplant worden sind, sollten erst einmal zurückgehalten werden. Besser man prüft sie in aller Ruhe, durchdenkt die Folgezüge auf dem Schachbrett und bringt sie im nächsten Gespräch ein. Alles andere ist mit hohem Risiko verbunden.

Damit schließe ich die Liste der unerwünschten Eigenschaften den so genannten Verhandlungstodsünden. Ich hoffe, Ihnen gelingt es von solchen Charakterzügen Abstand zu nehmen, auch wenn solche Vorhaben manchmal ein Lebensaufgabe bleiben.

II. KAPITEL

ALLTÄGLICHE VERHANDLUNGEN

Die härteste Verhandlung aller Zeiten

Vor einiger Zeit wurde ich Zeuge einer der härtesten Verhandlungen, die ich je erlebt habe. Der Verhandlungsort: ein Kaufhaus. Das Verhandlungsobjekt: die Spielkonsole eines bekannten Computerspiel-Herstellers. Die Verhandlungspartner: Vater und Sohn!

Der Sohn ist fasziniert von der Spielkonsole. Er betrachtet sie von allen Seiten, nimmt sie in die Hand und sagt zu seinem Vater: „Papa, die will ich haben!" Der Vater, bereit seinem etwa zehnjährigen Sohn etwas Gutes zu tun, sagt enthusiastisch: „Wenn Du am Wochenende bei der Fahrradtour mitfährst, kaufe ich Dir das Ding!" Mit einem Lächeln entgegnet der Sohn: „Okay!" Offenbar hatte es zuvor zwischen Vater und Sohn eine Diskussion um die Fahrradtour gegeben. Der Sohn wollte wohl nicht mit.

Nach der schnellen Einigung sieht sich der Vater als Sieger. Mit dem Gefühl, die Verhandlung gewonnen zu haben, schaut er sich das Objekt genauer an. Er nimmt die Konsole wie eine Trophäe in die Hand, dreht sie um und sieht plötzlich den Preis. Und was er sieht, scheint ihn zu beunruhigen. Er sagt: „Also, ich kaufe dir dann das hier oder etwas Ähnliches." Der Sohn scheint das Täuschungsmanöver zu ahnen und antwortet: „Du hast aber gesagt, Du kaufst mir *dieses* Spiel!"

Der Vater ist gerade im Begriff, Kraft seiner Autorität die Änderung der Verhandlungsvereinbarung durchzusetzen, merkt wie inzwischen einige Schaulustige die Verhandlung sehr interessiert verfolgen und sehr gespannt sind, wie es weitergeht. Man sieht es ihm an: Er befürchtet einen Gesichtsverlust, wenn er nicht weiter ehrlich mit seinem Sohn verhandelt. Er kann nicht wortbrüchig werden, schon gar nicht vor den Augen der Zuschauer. Da macht er einen Rückzieher: „Na gut, aber Du bist pünktlich und fährst die ganze Strecke mit!" Er hofft offenbar auf einen angemessenen Gegenwert für den hohen Preis, den er zu zahlen hat. „Okay, Papa, ich verspreche es", sagt der Sohn und fügt hinzu: „Ich halte auch mein Versprechen." Was als sanfte Andeutung verstanden werden kann.

Fazit: Papa hat die harte Verhandlung verloren.

Was dem Vater in diesem Fall passierte, ist bei vielen Verhandlungspartnern zu beobachten. Sie machen zu schnell konkrete Zusagen von hohem Wert.

Besser ist: Warten Sie ab. Und wenn Sie lange genug gewartet, lange genug geschwiegen haben – aber nicht zu lange – gilt es nun eine weiche, unkonkrete Zusage von niedrigem Wert zu machen. Von niedrigem Wert bedeutet: Sie sollten den Gegenwert, den Sie anbieten möchten in „Wertstückchen" teilen und bei jedem Schritt eines dieser Wertstückchen anbieten.

Also: „Okay, wenn du auf die Fahrradtour mitgehst, können wir darüber reden."

Oder: „Okay, wenn du auf die Fahrradtour mitgehst, zahl ich die Hälfte."

Dann hätte der Vater bei der Verhandlung sicherlich besser ausgesehen.

Besser wäre auch gewesen, der Vater hätte sich erst einmal genügend Informationen beschafft, bevor er eine Entscheidung trifft.

Damit sind wir bei einem Kernpunkt des Verhandlungsmanagements. Denn: So sehr Sie sich auch vor einer Zusage drehen und winden – gewinnen können Sie erst, wenn sie so viele Informationen wie möglich eingeholt haben.

Interessanterweise ist dabei oft nicht das Problem, dass nicht genügend Informationen vorliegen. Viel mehr nimmt man sich einfach nicht die Zeit oder sieht keinen Bedarf weitere Informationen einzuholen. Meist mit dem Hinweis, man habe es „schon immer so gemacht". Doch irgendwann hat man das Nachsehen. Wie in diesem Fall der Vater, der den Informationsstand seines Sohnes unterschätzte und die Einigung teuer bezahlen musste.

Wer kann schon so herzlos sein

Man muss wissen, wie die Gegenseite tickt!

Inwieweit es einem gelingt, das eigene Vorhaben und die eigenen Interessen bei einer Verhandlung durchzusetzen, hängt in höchstem Maße davon ab, ob und wie gut man über die Entscheidungswege und Interessen der Gegenseite Bescheid weiß.

Bei einer Urlaubsreise konnte ich einmal einen Verkäufer beobachten, der Armbändchen verkaufte. Einfache, bunte Bändchen, die man um das Handgelenk bindet. Sie hatten einen Materialwert von maximal zwei oder drei Cent. Der Straßenverkäufer verkaufte die Bändchen allerdings für 2,50 Euro, manche sogar für drei Euro. Wie hat er das gemacht?

Ganz einfach: Der Straßenverkäufer verkaufte kein Produkt oder gar das Material. Er tat nur das, was viele Unternehmen heutzutage vergeblich versuchen: Er verkaufte einen Mehrwert.

Als der Straßenverkäufer sich einem Ehepaar mittleren Alters näherte, drehte der Mann bereits ab und wollte seine Frau mitziehen. Das verhinderte der Verkäufer. Er rief: „Love, love, everything ist about love!" Und bewegte sich direkt auf die Ehefrau zu, deren Aufmerksamkeit und vor allem deren Interesse er offenbar bereits durch das Wort „love" gewonnen hatte. „Come on, come on, let's love connect you", sagte er und wickelte ein Bändchen um das Handgelenk des Mannes. Dieser konnte das Bändchen, das nun kein Bändchen mehr war, sondern den Mehrwert „love" vertrat, auf keinen Fall mehr zurückweisen. Damit hätte er nicht nur die „Liebe", sondern auch die Liebe zu seiner Frau abgelehnt. „Let love connect you", war das Motto des Verkäufers. Eine Absage an diese Botschaft hätte auch eine Zurückweisung der Liebesbindung zur eigenen Frau bedeutet. Der Verkäufer, dem es gelungen war sowohl den Entscheidungsträger, also die Frau, ausfindig zu machen als auch deren Hauptinteresse, wickelte rasch ein weiteres farbiges Bändchen um das Handgelenk der Frau.

Bis zu diesem Zeitpunkt hatte der Verkäufer nicht einen Cent für den angebotenen Mehrwert verlangt. Jede Tat des Verkäufers war bis zu diesem Zeitpunkt reine Risikoinvestition.

Als beide Partner mit dem Band der Liebe gesegnet waren, drehte sich der Ehemann um, griff seine Frau am Arm und wollte gehen. Genau in diesem Augenblick war die Stimme des Verkäufers zu hören. „Please, have you got something for me?", jammerte er in einem weinerlichen Ton. Mit „something" war natürlich Geld gemeint. Aber wichtiger als das: Mit dem bemitleidenswerten Ton gelang es dem Verkäufer das zu gewinnen, was er gewinnen wollte: Das Mitgefühl der Ehefrau. Wie kann man nur einen so lieben Menschen, der uns mit dem „Band der Liebe" aneinander gebunden hat ohne Dankbarkeit, ohne Belohnung verlassen?

Von Mitgefühl und Schuldgefühlen geplagt, belohnte die Frau den Einsatz und den Mehrwert, den sie vom Verkäufer erhalten hatte, mit einem Fünf-Euro-Schein. Fünf Euro für etwas, das rein sachlich, ohne Mitgefühl und Schuldgefühlen betrachtet, höchstens vier Cent wert war. Aber, wer kann schon so herzlos sein?

Die passive Verhandlung

Eine alltägliche Situation an einem Urlaubsort: Drei Touristinnen bummeln über einen Bazar und betreten den Laden eines Händlers. Sie suchen Ledertaschen. Der Händler führt sie in ein Hinterzimmer des Ladens, das mit Ledertaschen und Lederjacken überfüllt ist.

Als eine der Frauen eine Tasche in die Hand nimmt und bewundert, beginnt das Feilschen um die Ware. Auf dem Etikett steht ein Preis von umgerechnet 280 Dollar. Der Händler sagt: „Das sind die Preise für unerfahrene Kunden, für Sie kostet die Tasche 180 Dollar." Die Kundin ist nicht zufrieden. Sie hält den Preis für das Markenimitat für zu hoch. „100!", erwidert die Kundin, worauf der Händler erwidert: „Nein, meine Dame, soweit kann ich nicht runter gehen. Unmöglich!" Die Kundin legt die Ware wieder zurück in das Regal und begutachtet andere Taschen. „Diese hier, die können Sie für 100 Dollar bekommen", sagt der Händler und deutet auf eine kleinere Version der zuvor begehrten Tasche. „Die ist zu klein", sagt die Kundin und greift wieder nach der ersten Tasche, die sie in der Hand hatte. „Okay, 130, werden wir uns da einig", sagt sie. „Nein, meine Dame. Diese Tasche ist 280 Dollar wert. Ich habe für Sie einen Sonderpreis gemacht." Die Kundin behält diesmal die Tasche in der Hand und schaut sich wieder andere Taschen an. Der Händler beobachtet sie ganz genau. „150. Mein letztes Gebot", sagt sie. „175 Dollar. Mehr kann ich Ihnen nicht bieten, meine Dame", sagt der Händler. Er bemerkt, dass eine der Kundinnen das Feilschen der Freundin um Dollars nicht mehr abwarten und gehen möchte. „Mach' jetzt ein Ende", sagt die Freundin. Das erhöht merklich den Druck im Verkaufsraum. Die Kundin hält die Tasche immer noch in der Hand. Sie schaut den Händler zornig und erwartungsvoll an. Der Händler, der seine Chance riecht, sagt: „Vielleicht möchten Sie sich erst andere Läden anschauen. Sie können ja dann wieder kommen, Sie werden sehen, ich habe die besten Preise." „Dann gehen wir jetzt", sagt die Freundin. Die Kundin hält die Tasche in der linken Hand und greift mit der rechten Hand nach ihrem Geldbeutel. Der Händler betrachtet nun den Kampf als gewonnen. Zaghaft sagt die Kundin noch: „Also, Ihr letztes Angebot?" Freundlich lächelnd und mit zarter Stimme sagt der Händler: „Aber, meine Dame, Sie machen ein gutes Geschäft, glauben Sie mir, diese Tasche ist viel mehr wert." Es kommt zum Geschäftsabschluss bei 175 Dollar.

Bevor das Trio den Laden verlässt, sagt die Kundin, dass die zweite Freundin einen Ledermantel suche. „Ich gehe schon mal, das scheint länger zu dauern. Wir sehen uns im Hotel", sagt die erste Freundin und verlässt den Laden.

„Was für eine Farbe suchen Sie, welche Art?", fragt der Händler die zweite Freundin. Bevor sie antwortet, fügt er hinzu: „Kommen Sie, ich zeige Ihnen, was ich habe." Der Händler führt die beiden Frauen aus dem Laden. Etwa 20 Meter weiter in einem Hinterhof betritt man einen weiteren kleineren Laden, der aussieht als wäre er mit Ledermänteln tapeziert worden. „Schauen Sie, was möchten Sie?", sagt der Händler und zeigt dabei auf die große Auswahl an Mäntel. Die Freundin, die sich zwar für Mäntel interessiert, aber nicht ernsthaft einen kaufen möchte, lächelt verlegen und zieht die Augenbraun hoch ohne ein Wort zu sagen. „Kommen Sie junge Dame", sagt der Händler und zeigt ihr einen Mantel: „Wäre das etwas für Sie?" „Ich weiß nicht … nicht die Farbe", sagt die Freundin. Der Händler zeigt ihr weitere Schnittformen und Farben, doch die Freundin schüttelt jedes Mal verlegen den Kopf. Dabei geht der Händler immer auch schrittweise mit dem Preis herunter. Bei einem Mantel, den die Freundin einmal in die Hand genommen und etwas genauer begutachtet hatte, ist der Händler von dem ursprünglichen Preis von 350 Dollar inzwischen bereits auf 200 Dollar herunter gegangen. Dabei hat die Freundin bisher kaum ein Wort gesagt oder versucht zu feilschen. „Kommen Sie, junge Frau, das ist das Angebot Ihres Lebens, etwas Besseres kriegen Sie nicht", sagt der Händler. Die Freundin wendet sich langsam von den vorgelegten Mänteln ab und steuert Richtung Ausgang. Der Händler zeigt ihr beharrlich weitere Schnittmuster und Ausführungen. Es ist vergeblich. „Ich weiß nicht", antwortet die junge Frau schüchtern. Sie fühlt sich von den Versuchen des Händlers belästigt und zieht sich immer mehr zurück.

„175 Dollar. Mein letzter Preis", sagt der Händler. Doch die Freundin, die sich inzwischen innerlich abgewendet hat, verabschiedet sich leise. Man verlässt den Laden und geht.

—

Die beharrlichen Versuche der ersten Frau zeigten dem Händler beim Tauziehen um den Preis nur eines: Interesse. Das Unterlassen jeglichen Dialoges und die Zurückhaltung im Umgang mit der gebotenen Ware seitens der zweiten Frau zeigten dem Händler auch nur eines: Desinteresse. Das Desinteresse war dabei gepaart mit der Entscheidung, doch noch im Laden zu bleiben. Das veranlasste den Händler seine Verhandlungsenergie zu investieren, um das Interesse der zweiten Freundin zu gewinnen. Dabei setzte er die Verhandlungsmasse ein und ging von den ursprünglichen 350 Dollar runter bis auf 175 Dollar, ohne dass die zweite Frau auch nur ein einziges Wort bezüglich des Preises gesagt hat. Zwar verhielt sich die zweite Frau zurückhaltend, weil sie wirklich eingeschüchtert war und auch nicht unbedingt kaufen wollte. Ihr Verhalten war nicht strategisch überlegt oder geplant. Dennoch hatte ihr Verhalten große Wirkung auf das Verhandlungsverhalten des Händlers. Sie holte am Ende den größeren Preisnachlass heraus.

Man kann zu Recht die Frage stellen, welche Methode besser ist? Viel Reden, Feilschen und permanent Preisnachlässe fordern oder zurückhaltend und gesprächsarm, ja fast desinteressiert im Laden verweilen und dabei lediglich auf das Entgegenkommen des Händlers warten. Die Ergebnisse sprechen für sich.

Die innere Verhandlung

Harte Verhandlungen führen wir immer auch mit uns selbst! Zum Beispiel am Urlaubsort. Folgende Situation:

Am Tag der Abreise bekommt ein Familienvater an der Rezeption wie gewünscht die Hotelrechnung. Er hat zwar irgendwie ein ungutes Gefühl, während er die Rechnung bezahlt, kann aber dieses ungute Gefühl nicht deuten. Außerdem will er die Bezahlung schnell erledigen. Hinter ihm warten schon einige andere Hotelgäste. Außerdem drängen seine Frau und die Kinder zum Aufbruch.

Die Situation scheint ihn ein wenig zu überfordern. Irgendwas stimmt mit der Rechnung nicht, aber vor seinem geistigen Auge tauchen unangenehme Bilder auf: Wie er sich nicht richtig mit dem Hotelangestellten verständigen kann, weil dieser kein Englisch spricht. Er denkt daran, dass eine Beanstandung der Rechnung in einem Streitgespräch ausarten könnte. Er stellt sich vor, wie das wiederum die anderen Hotelgäste, die ebenfalls an der Rezeption warten, ärgern wird. Er stellt sich vor, wie man anfangen wird, schlecht über ihn zu reden und ihn als Störfaktor empfindet. „Was würden die alle über mich denken, wenn das hier noch länger dauert?", fragt er sich. All das geschieht in Buchteilen von Sekunden.

Er nimmt rasch die Rechnung an sich, bezahlt und geht raus. Die Familie fährt mit dem Taxi zum Flughafen. Später, im Flugzeug, kommen ihm Zweifel. Er holt die Hotel-Rechnung hervor und stellt fest, dass man ihm und seiner Familie für den gesamten Aufenthalt das

Frühstück berechnet hat, obwohl sie nicht ein einziges Mal gefrühstückt haben. Ein Irrtum! Ein Fehler! Ein Fehler den er vor Ort, im Hotel, an der Rezeption hätte korrigieren können. Nun ist es zu spät. Seine Frau rät ihm, sich nach der Ankunft mit dem Hotel in Verbindung zu setzen, um die Sache zu klären. Doch das beruhigt ihn jetzt nicht. Er ärgert sich über sich selbst. Er hadert mit sich. Er fragt sich ständig, warum er die Rechnung nicht vor Ort geprüft hat.

Wenn er die Rechnung bereits im Hotel geprüft hätte, wäre der Fehler sicher rasch korrigiert worden. Aber dort, im Hotel schien ihm etwas wichtiger als die Korrektur der Rechnung. Was aber war dieses Etwas? Da waren die anderen wartenden Menschen. Da war die Angst, sich vor diesen Leuten mit den Hotelangestellten zu streiten, sich die Blöße zu geben. „Was würden die alle über mich denken?", ist ihm durch den Kopf gegangen.

Vor allem aber sah er sich der Bewertung der anderen ausgesetzt und befürchtete, dabei schlecht abzuschneiden. Allein diese Vorstellung sorgte für ein Schamgefühl bei ihm. Ob die anderen tatsächlich das Verhalten des Familienvaters bewerten, und ob sie ihm gute oder schlechte Noten geben, spielt dabei keine Rolle. Die vorgestellte Wirklichkeit spielt sich ausschließlich im Kopf des Familienvaters ab und hat mit der Realität wenig zu tun. Natürlich, da war auch der Druck, die eigene Familie nicht warten zu lassen. Aber, entscheidend für die innere Verhandlung war der tiefe Wunsch, jegliches Scham- und Schuldgefühl zu vermeiden. Das Schamgefühl entsteht dabei durch die Vorstellung des Familienvaters, dass die anderen ihn als verantwortlich und schuldig für den möglichen Streit halten (und nicht etwa den Hotelangestellten). Für einen Streit, den es gar nicht gab, der sich nur im Kopf des Familienvaters angespielt hatte. Ein Streit, und da schien er sich sicher, an dem nur er schuld sein würde, wofür er sich dann auch vor der wartenden Menge hätte schämen müsste, da diese sein „Fehlverhalten" erkannt hätten. Eine peinliche, schamvolle Situation für den Familienvater, die allerdings nur seinen Irrgedanken entsprang.

Diese an sich leicht zu führende Verhandlung hat nicht die Abfolge der Handlungen entschieden. Die Entscheidung wurde durch die innere Verhandlung herbeigeführt.

Der unbedingte Wille, sich einer möglichen, negativen Bewertung der anderen zu entziehen, war dem verhandelnden Familienvater wichtiger als die rund 500 Euro, die er für das nicht verzehrte Frühstück zahlen musste. Anders ausgedrückt: Es kostete ihn 500 Euro, sich von den eigenen Schuld- und Schamgefühlen frei zu kaufen. Ein schlechter Abschluss für eine Verhandlung mit sich selbst, die sicher anders hätte laufen können.

III. KAPITEL

HISTORISCHE VERHANDLUNGEN

Seien Sie bereit zum Krieg! – Das Vermächtnis Adolf Hitlers

Eine Verhandlung setzt die Bereitschaft zum Krieg voraus!

Auch wenn diese Aussage, besonders im Hinblick auf meine persönliche Kriegserfahrung, paradox scheint – sie ist es nicht. Sie ist wahr. Wie viele andere Phänomene im Leben ist es gerade die Bereitschaft zum Scheitern, die eine Einigung in der Verhandlung ermöglicht. Erst die Bereitschaft zum Verzicht versetzt uns in die Lage, das Objekt des Begehrens zu erhalten.

Jeder Verhandler ist bemüht, das Scheitern einer Verhandlung zu vermeiden. Wie abhängig er von den Konsequenzen seines Scheiterns ist, bestimmt zum Teil das Machtverhältnis der Parteien und vor allem auch die Motivation der betroffenen Verhandler, eine Einigung zu erzielen. Ist er bereit, den ungünstigsten Fall jederzeit hinzunehmen, erhöht das seine von der Gegenseite empfundene Machposition. Wer bereit zum Scheitern ist, wird als mächtig empfunden. Die Aussicht auf die Schmerzen, welche wir bei einem Misslingen erwarten, ist in vielen Konfliktfällen der Hauptgrund dafür, die Handlung, welche eine Einigung verspricht, also die Ver-Handlung zu wählen.

In der Historie war es vor allem der deutsche Diktator Adolf Hitler, der immer den Eindruck erweckte, jederzeit bereit zu sein, auch den ungünstigsten Ausgang der Verhandlung hinzunehmen. Mit dieser Haltung ließ er den Verhandlungspartnern seine kompromisslose Position und die starke Machtposition spüren, welche nicht auf Fakten sondern auf einer inneren Haltung beruhte.

Tatsächlich war Hitler nicht bereit, jederzeit den ungünstigsten Ausgang der Verhandlungen hinzunehmen – er *wollte* den ungünstigsten Ausgang der Verhandlungen. Hitler war nicht ein Verhandler, sondern ein Krieger, der die Verhandlung als Tarnung für seine kriegerischen Absichten missbrauchte. Diese Absichtsmaskierung hatte in allen Verhandlungsfällen die Täuschung des Verhandlungspartners zur Folge. Die Verhandlungspartner glaubten eine verhandlungsbereite Person vor sich zu haben, die jederzeit auch zum Scheitern bereit war. Dadurch gelang es Hitler immer wieder, die Gegenseite zu massiven Zugeständnissen zu bewegen. Diese wollten durch Konzessionen das Scheitern der Verhandlungen und den damit verbundenen Kriegsausbruch vermeiden. Dabei zahlten sie immer wieder einen zu hohen Preis für die fehlende Bereitschaft, die unausgesprochene Androhung Hitlers, den Krieg, hinzunehmen. Denn gerade wegen der unnötigen Zugeständnisse, die einer Schenkung gleich kamen, mussten sie sich am Ende doch noch mit dem auseinander setzten, was sie anfänglich so sehr vermeiden wollten: dem Krieg.

Durch die zaghafte Haltung seiner Verhandlungspartner gewann Hitler Zeit, um seine Machtposition militärisch und geostrategisch, und damit auch politisch zu stärken.

Der Wille und die Fähigkeit, das Scheitern der Verhandlungen, ja sogar den Krieg, jederzeit hinnehmen zu können, ist daher eine Notwendigkeit für jeden guten Verhandler. Im Falle der Verhandlungen mit Adolf Hitler hätte dies dazu geführt, dass man keine Zugeständnisse

umsonst gemacht und die tatsächlichen Absichten des Diktators bei-
zeiten erkannt hätte.

Die Diamanten des Handelns

In Verhandlungen kann sich die Schlinge zu ziehen.

Der berühmteste aller Ganoven, Alphonse Gabriel Capone, besser bekannt als Al Capone, wurde mit einem Verhandlungstrick gefasst. Ein Trick, der vor allem in Verhörsituationen, häufig auch in Verhandlungsgesprächen angewendet wird.

Tricks sind nicht zu unterschätzen. Es empfiehlt sich, Verhandlungstricks zu lernen, um sie im Ernstfall rechtzeitig zu erkennen und zu entlarven. Al Capone tat dies nicht oder nicht ausreichend, was seine Karriere als „Geschäftsmann" abrupt beendete.

Nun muss man nicht unbedingt in Gangsterkreisen tätig sein, damit Kniffs und Tricks eines Verhandlungsgegners wirken. Die Branche spielt hierbei wirklich keine Rolle. Schauen wir uns den Trick an, der den gewieften Gangsterboss, Capone, zur Strecke brachte:

Wir schreiben die Goldenen Zwanziger. Al Capone ist es im Laufe der Zeit gelungen, seine illegalen Geschäfte mit legalen Scheingeschäften zu verschleiern. Er investiert sein Geld unter anderem in Waschsalons, woraus übrigens (einer Legende nach) der Begriff Geldwäsche entstanden ist. Das Blatt wendet sich als der neue US-Präsident Herbert C. Hoover persönlich die Festnahme Capones forciert. Der amerikanischen Regierung ist es bis dahin nicht gelungen, Capone illegale Geschäfte nachzuweisen. Also schmieden sie einen neuen Plan, um ihn zu fassen. Die Idee: Sie werfen Capone Steuerhinterziehung vor und laden ihn zu einem Verhandlungsgespräch ein, damit er seine Einnahmen offen legt und dazu Stellung nimmt.

Capone erscheint zum Termin. Capone und sein Anwalt achten penibel darauf, bei diesem Gespräch nicht die kleinste Informationen preis zu geben, nichts, was in irgendeiner Weise auf illegale Geschäfte Rückschlüsse zuließe. Die beiden sind überzeugt, dass das die eigentliche Absicht des Gesprächs ist. Womit sie nicht rechnen: Die Behörden wollen Capone tatsächlich wegen Steuerhinterziehung drankriegen.

Capone selbst unterschätzt diesen Aspekt. Er tönt noch vor der Verhandlung im engsten Kreis: „Man kann doch keine legalen Steuern für illegale Geschäfte verlangen."

Damals war es üblich, dass die amerikanischen Steuerbehörden eine Anklage wegen Steuerhinterziehung zurückzogen, wenn ein Bürger seine Einkommensverhältnisse freiwillig offen legte und damit Kooperationswillen zeigte.

Was Brauch ist, ist aber noch lange kein Gesetz – und schon gar kein Verhandlungsgesetz. Capone hätte sich das Entgegenkommen der Steuerbehörde zuvor schriftlich zusichern lassen müssen. Er macht das nicht. Er glaubt, die Ermittler halten sich an die unausgesprochene Regel.

Capone unterläuft noch ein weiterer Fehler. Er glaubt, die Informationen über die illegalen Geschäfte seien wertvoller oder wichtiger als

Informationen im Kontext der Steuerhinterziehung. Die Wichtigkeit von Informationen hängt aber in jedem Falle von den Rahmenbedingungen ab. Und diese können sowohl geändert als auch vorgetäuscht werden. Deshalb sind Informationen jeglicher Art, in allen Fällen und allen Verhandlungen von großer Bedeutung. Sie sind nicht nur als Verhandlungsmasse anzusehen. Sie sind die Diamanten des Handelns für beide Seiten. Informationen sollten daher sehr behutsam offen gelegt und in gewissen Fällen auch zurückgehalten werden. Das gilt insbesondere bei Streitverhandlungen.

Al Capone räumt beim Gespräch mit der Steuerbehörde unter anderem ein, dass er einige Besitztümer mit seinen eigenen Mitteln erworben hat. Damit spielt er den Behörden in die Hand. Denn bei seinen angegebenen Einnahmen scheint es kaum möglich, sich solche Besitztümer zu leisten. Die Steuerbehörde hatte damit genug Material in der Hand, um über eine Plausibilitätsrechnung den Fallstrick endgültig zuzuziehen.

Die Wichtigkeit von Informationen im Verhandlungskontext kann man nicht oft genug betonen. Aber der geschilderte Fall spricht für sich.

Wenn es Ihnen gelingt, der Gegenseite relevante Informationen zu entlocken, können Sie gar einen Verhandlungspartnern vom Kaliber eines Al Capones zur Strecke bringen.

Wertvoll ist, was erkämpft wird

Eine der wohl interessantesten Verhandlungsfälle aller Zeiten ist und bleibt die „Kubakrise". Der Machtkampf zwischen dem amerikanische Präsidenten John F. Kennedy und dem russischen Staatspräsidenten Nikita Chruschtschow Anfang der 1960er Jahre führte fast zu einem Dritten Weltkrieg. Stein des Anstoßes war die Stationierung russischer Raketen auf Kuba, sozusagen vor der amerikanischen Haustür. Die USA wollten, dass Russland die Raketen abzieht und drohten andernfalls mit einem Militärschlag.

Gegen Ende der Krise gab es ein abschließendes Treffen zwischen dem Präsidentenbruder Robert F. Kennedy auf Seiten der Vereinigten Staaten und dem russischen Verhandlungsführer. Die Amerikaner waren sich intern einig, ihre in der Türkei stationierten Raketen, abzuziehen. Im Gegenzug sollten die Russen ihre Raketen von Kuba abtransportieren. An sich ein simples Tauschgeschäft. Doch die Amerikaner starteten die Verhandlung nicht mit der intern vereinbarten Offerte. Sie forderten zunächst Russland auf, die Raketen ohne weiteres abzuziehen. Die Russen waren dazu nicht bereit. Sie verlangten von den Amerikanern eine Gegenleistung, andernfalls wäre ein Krieg unumgänglich. Erst als Robert „Bobby" Kennedy die Bereitschaft der Russen auf ein mögliches Entgegenkommen ohne einen Gegenzug der Amerikaner abgeklopft und das klare „Nein" geerntet hatte, erst dann öffnete er seinem Gegenüber: Wir sind bereit, unsere Raketen in der Türkei abzuziehen. Der Weg für eine Einigung war frei.

Die Frage ist: Warum das ganze drum herum? Warum hat Kennedy nicht gleich das Quit-pro-Quo-Angebot auf den Tisch gelegt?

Erstens, weil ein guter Verhandler seine Verhandlungsmasse immer schrittweise anbietet. Ein guter Verhandler wartet nach jedem Angebot auf das mögliche Entgegenkommen der Gegenseite oder gar auf eine Gesamteinigung, damit er so wenig wie möglich von seiner Verhandlungsmasse investieren muss. Würden wir hier über Euros als Verhandlungsmasse sprechen, wäre es am Ende weniger Geld, das man zahlen müsste.

Zweitens, jeder Verhandler justiert, häufig unbewusst seine innere Erwartungshaltung an den wahrgenommenen Machtverhältnissen. Öffne ich eine Verhandlung mit wenig Bereitschaft zum Entgegenkommen, so kann das dazu führen, dass sich die Gegenseite mit weniger als ursprünglich vorgehabt zufrieden gibt – und umgekehrt. Wer zu Beginn signalisiert: Ich bin bereit viel zu investieren, muss damit rechnen, dass der Verhandlungspartner „Blut leckt" und mehr möchte als man geben kann. Und das, selbst wenn die Alternative zu einer Einigung der Weltkrieg ist.

Drittens, jede Offerte wird abgewertet, wenn diese nicht erkämpft, sondern ohne Gegenzug oder die Bereitschaft eines Gegenzuges der anderen Seite offen angeboten wird. In einem solchen Moment wird nicht verhandelt, sondern verschenkt.

Wertvoll ist, was erkämpft wird. Dieses Prinzip sollte jeder gute Verhandler beherzigen. Die Karten dürfen erst auf den Tisch, wenn sie die entsprechende Wertschätzung erfahren haben.

Der Monsterkonflikt

Er ist ein Dauerbrenner in den Nachrichten. Kein Tag vergeht ohne Meldungen aus dem Nahen Osten. Der Konflikt zwischen Israelis und Palästinensern scheint eine unlösbare Aufgabe, an der sich schon viele Politiker und Vermittler die Zähne ausgebissen haben. Ein Konflikt, dessen Feuer leicht entfacht und kaum kontrolliert werden kann. Warum ist das so? Was macht diesen Monsterkonflikt aus?

Zunächst gilt auch für diesen Verhandlungsfall der Grundsatz: Eine Verhandlung kommt selten allein (siehe Kapitel I). Die jeweiligen Verhandlungsparteien haben nicht nur gegenseitige Verhandlungen zu führen, sondern verhandeln immer auch mit dem eigenen Lager. Die „interne Verhandlung" ist auch in diesem Fall oft schwieriger als die Verhandlung mit der Gegenseite.

Sie ist besonders schwierig, weil auf beiden Seiten unterschiedliche Interessengruppen agieren. Gemäßigte Verhandler, die an einer Einigung interessiert sind, werden von den eigenen, radikalen Gruppierungen verdammt, verteufelt und als Verräter beschimpft. Somit werden mögliche Ansätze, die eine Einigung herbeiführen könnten, im Keim erstickt. Das heißt: Die Verhandlungen im eigenen Lager sind genauso bedeutend wie die Verhandlung mit der Gegenseite – und wegen der unterschiedlichen Gruppierungen und deren Interessen sehr schwer zu führen. Dies stellt in diesem besonderen Konfliktfall das erste Problem dar.

Für die Verhandlung bedeutet das, Einigungsansätze und mögliche Optionen müssen zunächst im eigenen Lager verhandelt und durchgesetzt werden. Erst dann sollten sich die Parteien aufeinander zu bewegen, um die intern „abgesegneten" Optionen zu besprechen.

Eine Einigung in der Sache ist auch nicht möglich, wenn nicht die seelischen Verletzungen auf beiden Seiten anerkannt und entsprechend entschädigt werden. Dieser Schritt ist von entscheidender Bedeutung in diesem Konflikt und wird die Verhandlungsparteien immer wieder einholen, sollte er ignoriert werden. Die seelischen Schmerzen sind auch der Grund, weshalb man auf beiden Seiten immer wieder von Vergeltungsangriffen spricht. Die Vergeltungsangriffe dienen dazu, den Schmerz im eigenen Lager anzuerkennen und zu mildern. Es ist beiden Seiten bewusst: Man könnte das eigene Lager ohne diese Vergeltungsangriffe kaum kontrollieren. Die verletzen Gefühle schreien nach Rache. Und dann wird geschossen – vor allem um die eigene Position zu rechtfertigen und zu festigen.

Im Teufelskreis von Verletzung und Vergeltung ist es nahezu unmöglich, sachlich zu bleiben. Deshalb werden sachliche Einigungen nach einer gewissen Halbwertszeit immer wieder über Bord geworfen und durch erneute Anfeindungen ersetzt.

Was tun? Nun, zunächst müsste die höchst belastete Beziehung der Verhandlungsgegner auf die Basis gegenseitigen Respekts gestellt werden. Zum Beispiel mit einem Mahnmal zu Ehren der gefallenen Opfer auf beiden Seiten. Damit wären die Schmerzen beider Seiten anerkannt, wenn auch nicht gemildert. Im Anschluss müsste eine Geste der führenden Köpfe folgen, vergleichbar mit dem Kniefall Willy Brandts in Warschau. Mit einem solchen Ereignis bildet man das Fundament einer nachhaltigen Einigung. Im Laufe der sachlichen Einigung müssen fortwährend ähnliche Handlungen folgen, um den entstandenen Beziehungsstrang am Leben zu halten.

Erst dann kann die Verhandlung um die Sache beginnen.

Auf der sachlichen Seite dieser Verhandlung muss zuerst die internationale Tragweite des Konfliktes berücksichtigt und bei der Einigungsfindung integriert werden. Eine Reihe von Staaten ist direkt von diesem Konflikt betroffen. Während einige arabische Staaten in der palästinensischen Hamas-Bewegung radikalislamische Kräfte am Werk sehen, die ihre pro-westlichen Linie und damit die Stabilität ihrer Regierung gefährden könnten, gibt es andere Länder welche die Hamas-Bewegung unterstützen, da sie die israelische Regierung als Gegenpol und somit Bedrohung ihrer Regierungsstabilität ansehen.

Die USA, als einzig verbliebene Supermacht haben, je nach herrschender Partei und Regierung differierende Positionen. Im Kern wird die israelische Regierung von der US-Regierung unterstützt.
Die europäischen Länder sind, von Ausnahmen abgesehen, vorwiegend an einer Einigung und am Frieden in der Region interessiert.
All diese Kräfte können die Nachhaltigkeit einer Einigung gefährden, wenn sie nicht integriert werden. Es ist davon auszugehen, dass sie,

um ihre Interessen zu vertreten oder aber Drohszenarien zu vermeiden, direkt und indirekt die Situation beeinflussen.

Die Voraussetzung einer nachhaltigen Einigung ist die Berücksichtigung und Einbettung aller erwähnten Aspekte in den laufenden Verhandlungen. Wenn das gelingt, ist die Wahrscheinlichkeit ein endgültiges Ende des Konfliktes herbei zu führen recht groß. Dass dies allerdings eine enorm schwierige Verhandlungsaufgabe darstellt, ist nach den erläuterten Erfahrungen und Aspekten durchaus nachvollziehbar.

IV. KAPITEL

VERHANDLUNGEN IN WIRTSCHAFT UND POLITIK

Verhängnisvolle Zusagen

Nach dem Zusammenbruch der Aktienmärkte im Jahr 2008 standen vor allem die Banken in der Kritik. Ihnen gab man die Schuld an der Finanzkrise. Sie waren nun also gezwungen, in der Öffentlichkeit ein gutes Bild abzugeben – ohne aber das eigene Geschäft zu schädigen. Als beispielsweise der Chef der Deutschen Bank, Josef Ackermann, in einem Interview gefragt wurde, ob die Deutsche Bank nun diejenigen Sparer entschädigen werde, die bei der Deutschen Bank „faule Papiere" gekauft und ihr Geld verloren haben, sagte Ackermann: „Wenn es Einzelfälle geben würde, wo auch eine schlechte Beratung da wäre, dann werden wir sicher mit den Kunden darüber sprechen." Mit diesem denkwürdigen Satz gelang es Ackermann dem Reporter und den möglicherweise geschädigten Kunden „nichts" zu versprechen!

„… werden wir sicher mit dem Kunden darüber sprechen", sagte A- ckermann. Er sprach nicht davon, Kunden zu entschädigen oder gar Schadenssummen auszuzahlen. Er sagte nur: Wir werden mit ihnen sprechen. Da er dieses Versprechen um das Attribut „sicher" ergänzte, wurde der Eindruck erweckt, dass mit Sicherheit etwas geschieht. Und wenn etwas mit Sicherheit geschieht, kann es ja nur gut sein. Ackermann gelang es zudem, die vage Zusage mit einer Bedingung zu verknüpfen, die die Eintrittswahrscheinlichkeit der Zusage weiter minimierte: „… wo eine schlechte Beratung da wäre."

Der Reporter ging nicht weiter darauf ein. Ackermann hat die Falle des Reporters rhetorisch gut gemeistert. Hätte Josef Ackermann konkrete Zusagen gemacht und versprochen, offene Summen auszuzahlen, würden sich Kunden auf diese Zusage in möglichen Verhandlungen mit der Bank berufen. Die Bank hätte damit eine denkbar schlechte Verhandlungsausgangsposition.

Damit wir uns richtig verstehen: Das ist keine Kritik an Josef Ackermann. Das ist ein Lob für sein Verhandlungsgeschick. Ich verstehe das auch nicht als moralische oder rechtliche Bewertung des Falles. Es geht nur darum, den Verhandlungsaspekt hervorzuheben.

Jeder erfahrene Geschäftsmann oder jede erfahrene Geschäftsfrau kennt den Fall: Man hat einmal eine konkrete Zusage zu früh gemacht. Und das erwies sich dann als Fehler. Ob 7 Euro oder 7.000.000 Euro – welcher Wert auch immer. Wenn Sie sich einmal festgelegt haben, können Sie kaum mehr zurück, weder als Käufer noch als Verkäufer.

Und sollte Ihr Verhandlungspartner Ihnen nur das Versprechen geben, über eine Einigung zu reden, statt diese zu *erzielen*, haben Sie später wenig in der Hand. Das Versprechen muss konkretisiert werden. Da wollen Sie Ihren Verhandlungspartner haben.

Die Rhetorik von Josef Ackermann dient hier als Musterfall. Denn auf welcher Seite des Verhandlungstisches Sie auch sitzen, im Verhandlungskontext empfiehlt es sich immer die Bedingungen des Verhandlungspartners so genau und konkret wie möglich zu halten – und die eigenen Zusagen und Zugeständnisse so unbestimmt und minimal wie möglich. Fordern Sie Klarheit – und bleiben selbst vage.

In der Sache gewinnen

Gute Verhandlungen zeichnen sich durch eine Konzentration auf die Sache aus. Auch im Fall des Software-Giganten Microsoft. Eine lange Serie von Konflikten zwischen der amerikanischen Kartellbehörde und Microsoft fand im Jahre 2000 ihr vorläufiges Ende. Es war ein langer Kampf, aber der Behörde und mit ihr im Schlepptau eine Reihe von weiteren Softwareunternehmen, gelang es nicht, Microsoft zu spalten.

Das hatte verschiedene Gründe. Sicherlich war es nicht von Nachteil, dass im Jahr 2001 der damalige Präsident, George W. Bush, den Posten des amerikanischen Kartellamt-Chefs mit einer Person besetzte, die für die Erhaltung Microsoft plädierte. Und das blieb nicht der einzige Meilenstein beim Streit zwischen Microsoft und der Kartellbehörde.

Der wichtigste Schritt vollzog sich am 13. Januar 2000. An diesem Tag gab der Gründer des Unternehmens, Bill Gates, seinen Posten als Vorsitzender der Geschäftsführung auf. Er blieb lediglich Chefentwickler und Aufsichtsratsvorsitzender.

Der Rücktritt von Bill Gates hatte den Anschein eines persönlichen Abstiegs, einer persönlichen Niederlage innerhalb seines Unternehmens. Wohl gemerkt, es hatte den Anschein. Denn, wenn dieser Schritt strategisch geplant war, und es spricht vieles dafür, gelang mit diesem Schachzug, beim Verhandlungspartner das Gefühl eines Sieges zu erzeugen.

Und wer schon mal die verhandelnde Person besiegt hat, gibt sich in der Sache nicht mehr so viel Mühe. Und so geschah es.

Zwar wurde Microsoft weiterhin kartellrechtlich angegriffen, und das auch weltweit. Pläne, Microsoft zu spalten wurden aber nicht mehr in der Art und Weise verfolgt wie bis zum Rücktritt von Bill Gates.

Das Vorgehen und die Folgeentscheidungen der Kartellbehörde und der gegnerische Unternehmen zeigen eins ganz deutlich: Bei der Auseinandersetzung mit Microsoft ging es nicht nur um das Gewinnen in der Sache, sondern vor allem auch um das Besiegen der Person Bill Gates.

Durch den Abstieg von Gates versprach man sich zwar Vorteile in der Sache, nämlich die monopolähnliche Stellung von Microsofts zu schwächen. Aber gerade die folgenden Auseinandersetzungen zwischen Microsoft und der europäische Kartellbehörde zeigten, dass die erwünschte Schwächung Microsofts nicht herbeigeführt werden konnte.

Die Degradierung Bill Gates, sofern diese geplant war, war in der Tat ein meisterhafter Schachzug, der dem Verhandlungsgegner den Wind aus den Segeln nahm. Die Gegner begnügten sich damit, dass der Microsoftgründer persönliche Nachteile hinnehmen musste. Sie verfolgten nicht mehr mit der notwendigen Intensität das ursprüngliche

Ziel, den Monopolisten zu spalten. Damit hat Microsoft die Verhandlungen für sich entschieden.

Der Ausgangspunkt jeder Verhandlung ist der vorhandene oder angenommene Konflikt der Interessen oder Positionen von mindestens zwei Parteien. Das Ziel jeder Verhandlung ist, die Einigung im Kontext des Interessenkonfliktes. Wer das schiere Besiegen der Gegenseite als Ziel hat, verhandelt nicht, sondern führt Krieg. Dementsprechend kann das Resultat im Sinne der Verhandlung auch nicht gut sein.

Wir verhandeln immer für eine Sache und nie gegen eine Person. Dies ist eine der wenigen Grundsätze, welche in jeder Verhandlungssituation gilt. Bei den Verhandlungen mit Microsoft fand dieser Grundsatz nicht die notwendige Beachtung.

Wer mit Fristen droht, hat Angst!

Es droht ein juristischer Streit: Ein international tätiges Unternehmen hat Baukomponenten geordert. Diese verursachten auf Grund von Qualitätsmängeln eine Reihe von Folgeschäden. Nun ist die Frage, wer für den Schaden haftet? Vertragsgemäß ist der Lieferant haftbar. Doch es ist davon auszugehen, dass die Anwälte des Lieferanten das abstreiten. Der Hausjustiziar des Unternehmens hat der gegnerischen Partei eine Frist für die Reaktion auf sein Schreiben gesetzt. Diese hat die gegnerische Partei jedoch ohne jegliche Rückmeldung verstreichen lassen. Nun setzt der Anwalt, in Abstimmung mit der Geschäftsleitung, eine zweite Frist. Und wieder: keine Reaktion des Geschäftspartners!

Der Käufer will eine gerichtliche Auseinandersetzung vermeiden. Doch am Ende wird der Fall doch vor Gericht ausgetragen. Was beiden Seiten hohe Kosten verursacht.

Wäre die gerichtliche Auseinandersetzung vermeidbar gewesen? Und wenn ja, wie?

Es gibt keine Faktoren, die eine gerichtliche Auseinandersetzung mit Sicherheit hätten abwenden können. Allerdings hätte eine andere Vorgehensweise die Gefahr einer gerichtlichen Auseinandersetzung wahrscheinlich stark verringert.

In dem Zusammenhang sollten wir uns den Aspekt der Fristsetzung einmal genau betrachten. Wie sinnvoll ist es, einem Verhandlungspartner eine zweite Frist zu setzen, wenn er die erste ignoriert hat? Und welche Wirkung hat das auf dem Verhandlungspartner?

Eine Frist ist immer auch eine Androhung. Vor allem wenn sie mit negativen Konsequenzen verbunden ist. Zum Beispiel, dass die fristsetzende Instanz Klage einreicht.

Die erste Fristsetzung des Käufers in unserem Fall kann bedeuten: Dem Käufer ist die Beziehung zu dem Lieferanten wichtiger als die Möglichkeit den Fall, der rechtlich für ihn spricht, rasch zu klären. Sie kann auch bedeuten, dass der Käufer den Gang vors Gericht scheut. Es können aber auch beide Aspekte eine Rolle spielen. Denn sonst hätte der Käufer sofort Klage eingereicht.

Wenn der Käufer eine gerichtliche Auseinandersetzung vermeiden will, verrät dies einiges über sein Nervenkostüm.

Auf jeden Fall scheint der Käufer bereit, einen anderen Weg zu gehen als die Umsetzung der Androhung, also die sofortige Klage.

Die erste Fristsetzung zeigt somit: Man ist offen für Alternativen und will den Fall zunächst nicht gerichtlich austragen.

Die zweite Fristsetzung soll ein Entgegenkommen des Verhandlungspartners erwirken. Aber, wenn dieser auf die erste Frist nicht reagiert, warum sollte er auf die zweite Frist reagieren? Was macht die zweite Frist gewichtiger als die erste – außer, dass sie die Nummer zwei und zeitlich versetzt ist. Sicher ist: Die zweite Frist hat beim Lieferanten (auch) nicht die gewünschte Reaktion hervorgerufen. Im Gegenteil, die zweite Frist gibt ihm das Gefühl, dass sein Verhandlungspartner, einen offenen Streit vermeiden möchte. Der Lieferant empfindet somit die Verhandlungsposition des Käufers als schwach. Hierzu hat der Käufer selbst durch die beiden (leeren) Androhungen beigetragen.

Die Fristen des Käufers erreichen nicht die gewünschte Wirkung als Androhung, sondern offenbaren nur die Sorge des Unternehmers vor einem offenen und direkten Streit. Der Lieferant bekommt damit, völlig zu Recht, den Eindruck, dass sein Gegenüber schwach positioniert ist. Und das aus einem einzigen Grund: Er (der Käufer) hat Angst. Der entstandene Eindruck beim Lieferanten und seiner Verhandlungsmannschaft ist keine explizite, gedankliche Wahrnehmung, sondern eine implizite Gefühlswahrnehmung. Man spricht nicht aus und führt auch keinen inneren Dialog mit sich, dass der Verhandlungspartner Schwäche zeigt, sondern spürt dies subtil und entscheidet daraufhin.

Tatsächlich wäre die Chance eine Einigung größer, wenn der Käufer keine Fristen gesetzt, sondern sofort Strafmaßnahmen durchgeführt hätte. Oder zumindest die Nichteinhaltung der ersten Frist bestraft und auf jeden Fall keine zweite Frist gesetzt hätte. Der Gang vor Gericht steht ja immer offen.

Androhung im Verhandlungskontext müssen mit negativen Konsequenzen verbunden und die Strafen ausgeführt werden. Ansonsten
wird der Verhandler nur eines erreichen: Er verliert Glaubwürdigkeit
und Autorität.

Nicht aus dem Tritt geraten! – Verhandeln um Informationen

Informationen sind Verhandlungssache, zum Beispiel in einer TV-Talk-Runde.

Der Moderator fragt den prominenten Studiogast nach seinen bisherigen Affären, worüber der Showstar bereitwillig spricht. Doch dann erwähnt der Moderator eine Bekanntschaft, über die der Gast noch nie gesprochen hat. „Hatten Sie auch mit dieser Frau eine Affäre?" Zögerlich antwortet der Gast: „Nun, nicht ganz …". „Sie hatten mit ihr eine Affäre!", sagt der Moderator und zeigt entsprechende Paparazzi-Fotos. „Wollten Sie uns da etwa täuschen?", fragt der Moderator. „Natürlich wollte ich das", sagt der Gast und lächelt.

Was macht ein Interview gut? Ganz klar: Wenn im Gespräch etwas Neues, etwas Explosives zu Tage tritt, wenn eine neue Information bekannt wird, ganz gleich, ob es sich dabei um Boulevard-Themen oder um Themen aus Wirtschaft und Politik handelt. Es geht um die Gewinnung von brisanten Informationen. Von neuen Informationen. Es interessiert nicht, was jeder schon weiß. Das Alltägliche weckt kein Interesse – das Ungewöhnliche fasziniert Zuschauer, Zuhörer und Leser.

Das Verhandeln um Informationen läuft dabei immer parallel zu einem anderen Verhandlungsstrang. Ein guter Reporter muss seinen Interviewpartner aus dem Gleichgewicht bringen, ihn verunsichern. Denn in einem solchen Zustand „verraten" Menschen eher Geschichten oder Details, die sie besser nicht preisgeben sollten. Und genau davon lebt das Informations-Geschäft.

Der prominente Studiogast im oben erwähnten Beispiel will seine Affäre nicht publik machen. Der Moderator verfolgt allerdings andere Interessen. Er hätte seine „Beweise", also die Fotos gleich am Anfang offen legen können. Der Studiogast hätte sich dann nicht in widersprüchliche Aussagen verwickelt. Das wäre ein neutraler Umgang mit dem Studiogast gewesen. Daran ist dem Moderator nicht gelegen. Er sucht den Widerspruch, die Täuschung, die Spannung. Er will seinen Interviewpartner aus dem Gleichgewicht bringen, den Druck erhöhen – und das aus einem einzigen Grund: Der Interviewpartner soll aus der Unsicherheit heraus noch mehr falsche Entscheidungen treffen, denn genau dann reden wir Menschen über Sachen, über die wir nicht reden sollten.

Also stellt der Moderator die Suggestivfrage, ob der Gast die Zuschauer täuschen wollte. Genau das war dessen Absicht, wenn er Informationen zurückhält. Hätte der Studiogast diese Frage verneint, wäre er rhetorisch aus dem Gleichgewicht. Er hätte einen Gesichtsverlust erlitten, hätte sich rechtfertigen müssen und damit hätte der Moderator ihn genau dort, wo er seinen Gast haben will: völlig aus der Balance. Der Studiogast reagierte allerdings gewieft. Er gab die Täuschung zu, die ohnehin nicht mehr geleugnet werden konnte – und setzte noch eins drauf: „Natürlich wollte ich das." Mit dem Zusatz „natürlich" erweckt er den Eindruck, es sei normal, so zu handeln, als würde jeder sich so verhalten. Und: Er lächelt dazu, was seinen Täuschungsversuch als eine freundliche Handlung tarnen sollte. Damit ist es dem Gast gelungen, den Kampf um das innere Gleichgewicht und Selbstsicherheit für sich zu entscheiden. Zwar hat er dadurch den Moderator nicht aus dem Gleichgewicht gebracht, was ja auch denkbar wäre. Aber er hat sich selbst behauptet und die Attacke des Gesprächspartners erfolgreich abgewehrt.

Bei dem genannten Fallbeispiel handelt es sich um eine dedizierte Gesprächsatmosphäre, ein Interview. Solches Tauziehen um das innere Gleichgewicht und die Selbstsicherheit ist allerdings in allen Verhandlungssituationen zu beobachten. Die besseren Karten hat immer derjenige, dem es gelingt - trotz allem - innerlich stabil zu bleiben.

Zugleich legt das genannte Beispiel einen weiteren Aspekt offen: Es genügt als Reporter nicht „brav" nachzufragen. Das Tauziehen, ja die Verhandlung um das innere Gleichgewicht, den anderen aus dem Tritt zu bringen, ist ein wichtiger Teil jedes Berufes in dem Informationen die Ware sind.

Entscheidungen lügen nicht!

Im März 2003 marschierten US-amerikanische Streitkräfte in den Irak ein. Grund für den Einmarsch war, nach Angaben der US-Regierung der Kampf gegen den Terrorismus. Allerdings fehlten stichhaltige Beweise, die belegen konnten, dass der Irak in terroristischen Aktivitäten involviert war oder diese gar plante.

Vor dem Einmarsch in den Irak bemühte sich die US-Regierung um die Zustimmung der Vereinten Nationen (UN). Diese Zustimmung war für die USA keine Notwendigkeit. Sie war aber wichtig, um diplomatische Beziehungen nicht vorab zu belasten.

Was entscheidend ist: Beim Tauziehen um die Zustimmung der UN sagten die Amerikaner nicht nur, sie werden in den Irak einmarschieren, um terroristische Aktivitäten zu bekämpfen. Die US-Regierung gab ebenso als wichtigstes Ziel an, im Irak demokratische Strukturen zu schaffen. Im Anschluss gab es eine demokratische Abstimmung der UN-Vollversammlung, die den Einmarsch in den Irak nicht legitimierte. Die US-Regierung setzte sich darüber hinweg und begann im März 2003 mit dem Bombardement von Bagdad.

Mit diesem Vorgehen, die Verhandlungen einfach abzubrechen und einen Krieg zu beginnen, belasteten die USA ihre Beziehungen mit vielen weiteren Staaten. Wichtiger aber: Aussage und Handlung der US-Regierung widersprachen sich. Man wollte in den Irak Demokratie einführen, hielt sich aber selbst nicht an eine demokratische Abstimmung!

Einige Zeit später änderte die US-Regierung ihren Standpunkt wieder und verkündete erneut, man sei vor allem wegen der terroristischen Gefahr und Massenvernichtungswaffen in den Irak einmarschiert.

Zwei Aussagen und eine Entscheidung genügen uns, um das Motiv der US-Regierung zu durchleuchten. Wenn man die erste Aussage, Einführung von Demokratie, mit der Entscheidung des Einmarsches vergleicht, liegt der Schluss nahe: Den Amerikanern ging es nicht um die Demokratie, da sie sich an Prinzipien, die sie einführen und vertreten wollten, selbst nicht hielten.

Ganz offensichtlich verfolgten die Amerikaner andere Ziele und hatten andere Motive, die sie nicht offen legen wollten. Der erneute Positionswechsel durch die zweite Aussage (terroristische Gefahr) untermauert diese Annahme. Die eigentliche Motivation der Amerikaner musste getarnt werden, und zwar mit Vorwänden, die höchste Durchsetzungskraft und Glaubwürdigkeit versprachen. Wenn ein Vorwand nicht überzeugte, erfand man in Washington einfach neue Gründe bzw. Vorwände und probierte deren Überzeugungskraft aus.

Dieses Vorgehen ist charakteristisch für Verhandlungspartner, die ihre wahren Motive nicht offen legen wollen. Sie agieren nach einem Win-Lose-Muster und wollen lediglich ihre eigenen Interessen durchsetzen.

Nun, jeder darf seine Motive und Positionen so angeben, wie er das möchte. Und wenn es darum geht, die Unwahrheit zu erzählen, gibt es Verhandlungspartner, die recht geistreich sein können. Es gibt allerdings Momente, in denen selbst erfahrene Zeitgenossen nicht lügen können – und zwar, wenn sie Entscheidungen treffen. Entscheidungen lügen nicht.

Eine Handlung ist immer ein Indiz für eine Entscheidung und zeigt uns recht offen, wie die Motivation des Verhandlungspartners ist. Auch wenn erfahrene Verhandler die eine oder andere Entscheidung bewusst anders treffen, um den anderen zu täuschen, so können sie dennoch nie ganze Entscheidungsketten vortäuschen.

Mit dem Vergleich von Entscheidungen und Aussagen können wir die Motive des Verhandlungspartners schrittweise enttarnen und verstehen – wie im oben erläuterten Fall des Einmarsches der Amerikaner in den Irak.

Auch wenn diese Methode häufig mit dem Ausschluss möglicher Motive beginnt und in der Regel die Schlussfolgerung der wahren Motivation nur stufenweise ermöglicht, so ist sie für das Verhandlungsmanagement unentbehrlich und sollte in allen Verhandlungsfällen umgesetzt werden.

Einwand oder Vorwand

Was ist wirklich gemeint? Was will die Gegenseite?
Beim Verkauf eines angeschlagenen Unternehmens versucht der Arbeitnehmervertreter jeden Schritt der Transaktion zu blockieren. Zwar hat er bisher verkündet, es gehe ihm nicht um den neuen Käufer, einen US-Investor, sondern ausschließlich um die Kaufbedingungen. Es wird aber vermutet, die Belegschaft und deren Verhandlungsführer lehnen den US-Investor als neuen Inhaber generell ab.

In einem Interview wird dann der Arbeitnehmervertreter gefragt, ob die Belegschaft einigungsbereit wäre, wenn die von ihnen aufgestellten Bedingungen erfüllt werden? Er antwortet: „Wenn die Bedingungen erfüllt werden, wäre unserer Widerstand viel schwächer."

„Viel schwächer", sagt der Verhandlungsführer der Arbeitnehmer. Von einer Einigung spricht er nicht. Auch nicht davon, dass der Widerstand nach Erfüllung deren Bedingungen aufgegeben werde – was eigentlich die logische Konsequenz sein müsste!

Mit nur einem Satz stellt er also klar: Eine Einigung kommt auch dann nicht zustande, wenn der Investor all die von der Belegschaft aufgestellten Bedingungen erfüllen würde. Das bedeutet: Bei den Bedingungen der Belegschaft handelt es sich nicht um Einwände, sondern um Vorwände. Die kommunizierten Vorwände dienen dazu, vom eigentlichen Einwand abzulenken. Der eigentliche Einwand ist ein Aspekt, den man nicht offen legen möchte. Das Problem ist natürlich der Investor. Man traut ihm nicht. Das amerikanische Unternehmen hat keinen guten Ruf. Die Angst der Belegschaft vor Kündigungen oder Gehaltskürzungen ist groß. Man möchte aber nicht darüber reden. Die Arbeitnehmervertretung befürchtet, ihre Sorgen rhetorisch nicht vertreten zu können, wenn sie diese offen legt. Sie befürchtet, angreifbarer zu werden, wenn sie über Entlassungen und Gehaltskürzungen spricht. Der US-Investor hat zwar signalisiert, es gebe keine Entlassungen und Gehaltskürzungen. Doch die Arbeitnehmer trauen dem Braten nicht.

Wenn es dem Investor nicht gelingt, den eigentlichen Einwand herauszufinden und entsprechend gegenzusteuern, wird eine Einigung sehr schwierig.

Sollten Sie bei Ihren Verhandlungen feststellen: Der Verhandlungspartner will die Verhandlungen mit Vorwänden blockieren – ist es das Beste, testweise auf die Vorwände einzugehen.

Ein Beispiel: Ein Lieferant behauptet, die Verteuerung der Ware habe damit zu tun, dass diese im Eiltempo bis zum Monatsende geliefert werden muss. Der Abnehmer sagt: „Okay, wenn es so teuer wird, dann verzichten wir auf eine Lieferung bis zum Monatsende. Wir planen um. Liefern Sie uns die Ware bis Mitte des Jahres, da haben Sie ja noch vier Monate Zeit." Daraufhin erwidert der Lieferant, er könne nun aus anderen Gründen nicht mit dem Preis runtergehen. Offensichtlich handelte es sich also beim ersten Einwand, der Eillieferung bis Monatsende, nur um einen Vorwand. Diesen konnte der Abnehmer aushebeln, da er testweise auf die Forderung des Lieferanten eingegangen ist. Das Schlimmste, was der Abnehmer jetzt tun kann, ist dem Lieferanten der Lüge zu bezichtigen. Gerade in solchen Fällen, wenn die Machtverhältnisse nicht klar für einen sprechen, sollte man so tun als ob der Vorwand nicht existiert hat. „In Ordnung. Warum bleibt es nicht beim ursprünglichen Preis, welche andere Gründe gibt es?", sollte die nächste Frage sein. Graben Sie solange bis sie den wahren Grund herausgefunden haben. Nein-Sagen können Sie am Ende immer noch. Besser ist es, genau zu wissen worum es geht – bevor Sie etwas ablehnen oder sich in einem Streit verzetteln.

Die Angst vor Menschen

Wie gehen wir mit den anderen um? Mit denen, die nicht zu unserer Familien und zu unseren Freunden gehören, also mit unseren Kollegen.

Stellen wir uns folgenden Fall vor: Eine Mitarbeiterin hat neu in einem Unternehmen angefangen. Sie will eine gute Beziehung zu den neuen Kolleginnen und Kollegen aufbauen. Stets lächelnd und freundlich begegnet sie allen anderen und versucht, Konflikten aus dem Weg zu gehen.

Das erste Abtasten mit den neuen Kollegen verläuft soweit gut, doch fühlt sie sich zunehmend von einem Mitarbeiter belästigt. Er ist von Anfang an nicht freundlich zu ihr gewesen. Schon das erste Aufeinandertreffen glich einem Angriff: Er lächelte kaum und fragte, was sie denn überhaupt in der Firma zu suchen hätte.

Es wird nicht besser: Er läuft an ihr vorbei ohne zu grüßen. Wenn in der Abteilung Aufgaben verteilt werden, angelt er sich ihre Jobs. Nebenbei erfährt sie, dass er hintenrum nicht gerade positiv über sie redet.

Sie kann sich das Verhalten des Kollegen nicht erklären. Weil sie aber auf keinen Fall einen Streit in der Probezeit haben will, setzt sie alles daran, den Konflikt geräuschlos zu lösen.

Immer wieder gibt sie nach und versucht über das Verhalten des unangenehmen Kollegen hinwegzusehen. Sie will eine Eskalierung vermeiden. Doch je mehr sie nachgibt, umso dreister und fordernder wird der Kollege.

Es kommt zu einem ersten Schlagabtausch: Er betritt das Büro der neuen Mitarbeiterin, die sich mit zwei weiteren Kolleginnen das Zimmer teilt und nimmt sich von ihrem Tisch ungefragt einen Kugelschreiber. Als er das Zimmer verlassen möchte, fragt sie, ob er nicht einfach fragen könne. Daraufhin erwidert er, dass er den Kugelschreiber nur kurz benötige und verlässt das Zimmer. Die zwei Kolleginnen im Büro ärgern sich ebenso über das Verhalten des Kollegen. Sie berichten, dass er sich bereits mit einigen Mitarbeiterinnen und Mitarbeitern gestritten habe. Man möchte ihn offenbar loswerden, weiß aber nicht wie.

Die neue Kollegin beschließt, die Sache etwas konfrontativer anzugehen. Aber jedes Mal wenn es zu einer Auseinandersetzung kommt, zieht sie den Kürzeren. „Du musst dich ihm gegenüber durchsetzen. Er versteht keine andere Sprache", sagt eine Kollegin zu ihr. Doch sie kann ihre Wut ihm gegenüber nicht passend kanalisieren und zeigen. Im Gegenteil: Sie reagiert zunehmend ängstlich auf seine „kleinen" Attacken. Immer häufiger denkt sie darüber nach, wie sie Herr der Lage werden kann. Sie spielt mit dem Gedanken, eine Expertenmeinung einzuholen.

Als sie über mehrere Tage hinweg ein Stechen in der Brust spürt, geht sie zu ihrem Hausarzt.

„Das ist die Magensäure", sagt der Arzt, „sie verursacht dieses stechenden Gefühl in der Brust." Er fragt noch: „Haben Sie zurzeit Stress?"

Sie erzählt von ihrem Dauer-Konflikt mit dem Kollegen. Der Arzt empfiehlt ihr einen Besuch bei einem Therapeuten. „Vielleicht einen Experte für Mobbingfälle", fügt er hinzu und schreibt ihr eine Überweisung.

Die junge Frau kann sich nur schwer vorstellen, warum die Unannehmlichkeiten bei der Arbeit zu einer Überproduktion der Magensäure bei ihr führen. Der Besuch beim Therapeuten bringt dann Klarheit.

„Sie schlucken ihre Wut hinunter. Das Sauersein wird verleugnet und hinuntergeschluckt. Sauer ist aber eben dann ihr Magen, der so viel Wut nicht verdauen kann oder will. Die Konsequenz ist die Säure, welche eigentlich nur die Wut in ihrem Magen verdeutlicht", sagt der Therapeut.

Sie begibt sich nun in Behandlung bei dem Therapeuten. In den Sitzungen erzählt sie, dass sie immer Angst vor den Begegnungen mit dem „komischen Kollegen" hat. Im Grunde hätte sie schon immer Angst vor Menschen gehabt, aber bei diesem Herrn sei es besonders schlimm. Allerdings habe sie ihn inzwischen mal zufällig in einem Café getroffen, erzählt sie. Da sei sie ganz anders mit ihm umgegangen, viel aggressiver und mutiger als sonst.

Der Therapeut ist überzeugt: Es ist nicht die Angst vor anderen Personen, die die junge Frau plagt. Es ist die Angst vor Zurückweisung. Als Scheidungskind kennt die junge Frau solche Gefühle. Die Angst von den Eltern, die nur mit sich selbst beschäftigt waren, nicht mehr geliebt, ja abgestoßen und zurückgewiesen zu werden, begleitete sie noch eine lange Zeit. „Sie durchleben diese Ängste wieder", sagt der Therapeut.

Die junge Frau durchlebt Situationen, in denen sie Ängste überwinden muss, die sie seit Jahren begleiten. Die Konfrontation mit dem unangenehmen Kollegen setzt den *offenen* Konflikt im neuen Unternehmen voraus. Sie will diese Konfrontation aber nicht offen – und sichtbar für alle – führen. Sie befürchtet, dadurch Ihren Job zu verlieren, also „zurückgewiesen" zu werden.

Nach mehreren Sitzungen mit dem Therapeuten beschließt sie, sich der Sache zu stellen. Sie will die Angst des Jobverlustes, also abgestoßen zu werden, überwinden, indem sie die Konfrontation mit dem störrischen Kollegen offen angeht.

Der Showdown findet beim Mittagessen statt: Alle Mitarbeiter der Abteilung sitzen zusammen und sie hört wie der Kollege darüber lästert, dass die Firma zu viele neue Fachkräfte eingestellt habe und dass einige ja noch in der Probezeit gehen würden. Sie will das nicht unkommentiert lassen. Sie entgegnet dem Kollegen, dass die Entscheidung darüber zum Glück bei anderen Personen liege. Der Kollege schaut die junge Frau überrascht an und sagt nichts mehr. Andere Kolleginnen und Kollegen ermutigen die junge Frau nach dem Essen: „Das hast Du gut gemacht!" Oder: „Er hat es verdient!"

Fortan erwidert die junge Frau die Angriffsversuche des Kollegen jedes Mal mit einem Gegenangriff. Das zeigt Wirkung. Die Übergriffe des „komischen Kollege" nehmen ab, er lässt die junge Frau immer mehr in Ruhe.

Beim Management, dem die Vorfälle regelmäßig berichtet werden, kommt die Sache gut an. Man hatte zunächst angenommen, die junge Kollegin sei nicht durchsetzungsfähig und werde sich in der neuen Arbeitsumgebung nicht glücklich fühlen.

———

Menschen treffen ihre Entscheidungen auf Basis von Interessen und Ängsten, die sie bewusst oder unbewusst beeinflussen. Und bei einer Verhandlung, sei es auch das Verhandeln und die Gestaltung einer Beziehung zu neuen Kollegen, ist kein Moment wichtiger als der Moment der Entscheidungsfindung. Welche Ängste uns begleiten und wie sie sich in welcher Situation auf die Entscheidungsfindung auswirken, ist aus der Verhandlungssicht von fundamentaler Bedeutung. Im Falle der jungen Dame führten die Ängste zu einer Unterwerfung anderen Menschen gegenüber. Die Auswirkung für sie war der mögliche Jobverlust.

Die Auswirkungen von nicht überwundenen Ängsten auf unseren Entscheidungen bei einer Verhandlung können mannigfaltig und die Konsequenzen weit reichender sein als uns lieb ist. Deshalb ist das Erkennen der Ängste in uns und deren kalkulierte Überwindung in Verhandlungssituationen von elementarer Bedeutung.

Verhandeln für das Ego

Für manche Menschen geht es beim Verhandeln um mehr als nur um den Preis.

Der Einkaufsleiter eines US-Konzerns akquirierte mehrere externe Dienstleister für ein größeres Projekt. Dem Einkäufer gelang es relativ gut, die Dienstleister runter zu handeln, und die Zusammenarbeit wurde begonnen.

Doch schon bald war klar: Der Einkäufer war mit dem gut ausgehandelten Preis nicht zufrieden. Er bemängelte immer wieder Rechnungen, stellte Leistungsbeschreibungen in Frage und sorgte damit immer wieder für neuen Verhandlungsbedarf. Und das, obwohl die Rechnungen sowie die Lieferungen einwandfrei waren und nicht einmal von den eigentlichen Abnehmern im Unternehmen, den Abteilungsleitern bemängelt wurden!

Wie lässt sich dann das Verhalten des Einkäufers erklären? Was bewegte den Einkäufer, alles und jeden in Frage zu stellen? Warum erzeugte er immer wieder neue Verhandlungssituationen?
Die letzte Frage lässt sich leicht beantworten. Er erzeugte neue Verhandlungssituationen, um diese erneut zu gewinnen! Ihm ging es darum, die andere Seite verlieren zu sehen.
Aber, warum sollte die andere Seite unbedingt verlieren?

Ganz einfach: Dem Einkäufer ging es nicht um die Sache. Sonst wäre er mit dem gut ausgehandelten Preis (und Qualität) zufrieden gewesen. Der Einkäufer verhandelte für sein Ego.

Er erzeugte und provozierte neue Verhandlungssituationen, um sie zu gewinnen. Wer siegt, erfährt eine Aufwertung. Wer verliert, eine Abwertung. Die Aufwertung des eigenen, vermutlich angeschlagenen Selbstwertgefühls zu erfahren, die bewundernden Blicke der Kolleginnen und Kollegen zu spüren, waren dem Einkäufer offensichtlich wichtiger als das richtige Maß und die Beziehung zu den Lieferanten.

Dem Einkäufer ging es um die Kompensation von Minderwertigkeitsgefühlen. Es ging ihm nicht darum, in der Sache gut zu verhandeln. Deshalb suchte er nicht nur in dieser Verhandlung, sondern auch in allen anderen Verhandlungen den Win-Lose-Endstand. Er war nicht zufrieden, wenn beide Seiten zufrieden waren. Er war zufrieden, wenn es einen Verlierer gab. Das gab ihm die Gewissheit, Sieger und somit wertvoll zu sein.

Es ist sicherlich kein Glücksfall, einen solchen Verhandlungspartner – um nicht zu sagen Verhandlungsgegner – vor sich zu haben. Sollten Sie sich in einer solchen Situation befinden, wird es extrem schwierig eine Win-Win-Situation zu erzeugen. Es ist dann ratsam, sich eher auf die eigenen Interessen zu konzentrieren, als den schwierigen Partner von der Sinnhaftigkeit des Win-Wins überzeugen zu wollen.

Verhandeln um die Schuldigkeit

Im Konflikt zwischen Unternehmern und Gewerkschaften erlebt man häufig harte Verhandlungen, die nicht selten in einer fast ausweglosen Situation stagnieren. Bei einem sehr bekannten Fall in Deutschland forderte ein Gewerkschaftsführer eine Lohnerhöhung von mehr als 30 Prozent, und das in einem Umfeld, in dem drei Prozent oder vier Prozent schon viel sind!

Sollte der Arbeitgeber nun mit einer absolut unüblichen Erhöhung um zwölf Prozent oder sogar 15 Prozent dem Verhandlungsführer der Gewerkschaft entgegen kommen, wäre dies sachlich ein Sieg für die Gewerkschaft. Für den Verhandlungsführer der Gewerkschaft würde es angesichts seiner Anfangsforderung dennoch wie eine Niederlage aussehen.

Wenn dieser Aspekt vom Verhandlungsführer nicht bedacht wurde, hat er sich mit seiner ungewöhnlich hohen Forderung in eine Sackgasse manövriert. Nun kann er den Gesichtsverlust vor der eigenen Mannschaft hinnehmen und sachlich gesehen einen ordentlichen Wert, wie beispielsweise plus zwölf Prozent rausholen. Oder er blockiert die Verhandlungen, um einen Gesichtsverlust zu vermeiden.

Da wird es nun sehr interessant. Denn wenn sich ein Verhandler in einer Sackgasse wähnt, die er selbst verschuldet hat, wird er versuchen, seinen Verhandlungspartner zu provozieren, damit dieser die Verhandlungen abbricht. Dann wäre nicht der Verhandler mit seiner unsinnigen Forderungen Schuld am Scheitern, sondern die Gegenseite.

Ab jetzt wird nur noch um die Schuldigkeit verhandelt oder darum, wer den „schwarzen Peter" hat. In solchen Fällen ist höchste Vorsicht geboten, damit man nicht das Schwarze-Peter-Spiel verliert und als Bösewicht dasteht.

Ein weiteres Beispiel soll die Entstehung von Verhandlungssackgassen verdeutlichen.

Der Einkäufer eines internationalen Konzerns verlangt große Preiszugeständnisse von einem Lieferanten. Der Lieferant kommt dem Einkäufer ein Stück weit entgegen und erfüllt einen Teil der Forderungen. Der Einkäufer reagiert mit einer weiteren Erhöhung seiner ursprünglichen Forderung. Der Lieferant hat nun das Gefühl, von dem Einkäufer für sein Entgegenkommen bestraft zu werden. Was de facto auch so ist.

In der Tat: Der Einkäufer bestraft den Lieferanten. Allerdings nicht für das Entgegenkommen, sondern für das seiner Ansicht nach zu geringe Entgegenkommen.

Der Einkäufer erwartet weit höhere Preisnachlässe und sieht die Chance darauf gefährdet durch die restriktive Bereitschaft des Lieferanten. Der Einkäufer versucht einen passenden Gegenwert zum Startangebot des Liefereranten zu erzeugen, um am Ende seine ursprüngliche Forderung durchsetzen zu können. Der Lieferant sieht sich allerdings einem Verhandlungspartner gegenüber, der aus seiner Sicht wortbrüchig geworden ist. Er fühlt sich unfair behandelt und über den Tisch gezogen.

Für den Einkäufer erweist sich der Lieferant als harter Verhandlungspartner. Will er sein Ziel erreichen, muss er mit dem Preis nach oben. Die Sache liegt auf der Hand: Der Einkäufer hat die Verhandlungen in eine Sackgasse manövriert. Nun hängt das weitere Vorgehen sehr stark von den Machtverhältnissen ab. Was nichts anderes bedeutet als die Frage: Wer befindet sich in einer geringeren Abhängigkeit vom Verhandlungspartner und hat die besseren Alternativen.

Sollte es zu einem Abbruch der Verhandlungen kommen, muss der Einkäufer dies unternehmensintern rechtfertigen. Also wird der Problemverursacher versuchen, das Schwarze-Peter-Spiel für sich zu entscheiden. Wenn der Verkäufer dagegen dem Einkäufer ohne weiteres entgegenkommt, macht er ein schlechtes Geschäft – eine Sackgasse eben.

Wenn ein Verhandlungspartner in der Sackgasse landet, kann man natürlich sagen: Selber schuld, soll er doch sehen, wie er da wieder heraus kommt. Wenn man allerdings abhängig vom Verhandlungsergebnis ist, sollte man durchaus abwägen, ob es gelingt eine Brücke zu bauen, damit der Verhandlungspartner die Sackgasse ohne Gesichtsverlust verlassen kann. Dabei rate ich Ihnen, zwei Aspekte ganz genau zu berücksichtigen.

Erstens: Sackgassensituationen können bewusst herbeigeführt werden, um Ihr Entgegenkommen zu erzwingen. Zweitens: Sie dürfen das Schwarze-Peter-Spiel in solchen Momenten nie verlieren.

Ansonsten ist ein sachlich gerechtes Entgegenkommen durchaus denkbar. Und das rettet den Kopf des anderen und damit auch den eigenen.

Verhandeln um Prioritäten

Politik ist ein Schachbrett der Verhandlungen. Wer den größeren Ü-
berblick auf diesem Feld hat, kann sich beim Verhandeln um die
Macht besser behaupten. Die Vielzahl an Verhandlungen kann dieses
Schachtbrett allerdings recht unübersichtlich machen.

Verhandlungen auf dem politischen Parkett sind vor allem deshalb
unübersichtlich und komplex, weil die jeweils zu führenden Verhandlungen von einander abhängige sind. Etwaige Schachzüge in der einen
Verhandlung beeinflussen die Konstellation in der anderen Verhandlung. Dies gilt es zu berücksichtigen.

Im Jahr 2009 war der US-Regierung klar: Ein Friedenprozess im Nahen Osten ist ohne Mitwirkung des Irans nicht möglich. Das Land war
und ist einer der größten Ölexporteure, es hat die zweitgrößten Gas-
vorkommen weltweit und mehr als 40 Prozent des weltweiten Ölex-
ports werden über den Persischen Golf abgewickelt.

Die genannten Aspekte zeigen, dass eine offene, konfrontative – oder
gar eine kriegerische – Auseinandersetzung mit dem Iran die Welt-
wirtschaft massiv beeinträchtigen würde. Die USA setzten daher auf
die Kraft der Verhandlungsführung und handelten dementsprechend.

Der verhandlungsorientierte Ansatz im Nahen Osten hatte spürbar
Wirkung auf andere Verhandlungen der USA. So konnten Spannungen
mit Ländern wie Russland oder China, die Geschäftsbeziehungen mit
dem Iran pflegen, entschärft werden. Und auch die Verhandlungsat-

mosphäre im europäischen Umfeld änderte sich zum Positiven. Die Länder Europas sahen sich nicht mehr unter Druck gesetzt, potenzielle kriegerische Handlungen Amerikas gegen Iran unterstützen zu müssen.

Die ergebnisorientierte Haltung der US-Regierung hatte allerdings auch negative Auswirkungen. Etwa beim Verhandeln mit den konservativen Kräften in Amerika. Vor diesen musste die US-Regierung nun ihren Kurswechsel gegenüber dem Iran rechtfertigen.

Der Kurswechsel in der einen Verhandlung hatte somit den Konstellationswechsel in vielen anderen Verhandlungen zur Folge.

Wie man Prioritäten in interagierenden Verhandlungen setzt, ist folglich eine Frage von höchster strategischer Bedeutung und selbst ein wichtiger Teil der Verhandlungsführung.

Das bedeutet: Das Maximale in jeder Verhandlung ist nicht zugleich das Optimum. Vielmehr ist die Summe der maximal erreichbaren Werte in allen Verhandlungen das optimale Ergebnis. Diese Summe nimmt in der Regel ab, wenn die Abhängigkeiten der Verhandlungen ignoriert und ausschließlich das Maximal-Ziel in jeder einzelnen Verhandlung angestrebt wird. Sie nimmt in der Regel zu, wenn Abhängigkeiten berücksichtigt werden. Wenn zum Beispiel in der einen Sache etwas nachgegeben wird, um im Gesamtergebnis mehr zu erreichen.

Jede Person oder Instanz, die häufig Verhandlungen führt, die miteinander interagieren, muss die Abhängigkeiten kennen und die daraus resultierenden Kräfte abschätzen. Das gilt für jeden Politiker. Das gilt aber auch für jeden Geschäftsführer, jedes Vorstandmitglied, jeden Bereichsleiter, kurz: für jede Person, die große Verantwortung trägt. Denn dort, wo die Verantwortung groß ist, ist auch der Interessenkonflikt groß – und das bedarf einer pragmatischen und übersichtlichen Verhandlungsführung.

Halb Kopf, halb Bauch

Es gibt da dieses Bauchgefühl: Ein Unternehmer sucht erfahrene Vertriebsleute, die für ihn Geschäftskontakte aufbauen. In einem Business-Club wird er fündig und möchte einen Geschäftsmann mit der Sache beauftragen. Für die Anbahnung eines Geschäftsvorhabens und dessen Abschluss hat er dem erfahrenen Geschäftsmann eine Provision in Aussicht gestellt. Doch der Geschäftsmann traut seinem Verhandlungspartner nicht. Er kann nicht einmal erklären, warum er zu seinem Verhandlungspartner kein Vertrauen aufbauen kann. Er weiß lediglich, dass er ihm nicht traut.

Es hilft auch nicht, dass der Unternehmer mehrfach betont, alles auf Vertragsbasis laufen zu lassen. Der Geschäftsmann beginnt nun im Umfeld des Unternehmers zu recherchieren. Er findet unter anderem heraus, dass das Unternehmen seines Auftraggebers in Mittelamerika gegründet und angemeldet ist. Außerdem hört er von laufenden Gerichtsprozessen mit seinem Auftraggeber.

Der Geschäftsmann beschließt, seinen Verhandlungspartner zu testen. Er arrangiert einen Gesprächstermin mit seinem Auftraggeber. Der Test beginnt. Er fragt seinen Auftraggeber, ob er bereit ist, ein Drittel der Provisionssumme im Voraus zu zahlen. Das lehnt der Auftraggeber ab. Der Geschäftsmann beharrt darauf und begründet seine Forderung mit dem Hinweis, dass es sich um eine internationale Transaktion handelt und Geschäfte mit Unternehmen in Mittelamerika vertraglich schwer abzusichern sind. Der Auftraggeber sagt nur, er habe bereits mehrfach solche Geschäfte durchgeführt und lässt sich nicht darauf ein.

Bei einem zweiten Termin, kurz vor der Geschäftsanbahnung, wird der Test fortgesetzt. Bei diesem Termin verlangt der Geschäftsmann nun eine höhere Provision, da die Transaktion mit Besonderheiten verbunden sei. Tatsächlich gibt es keine Besonderheiten. Es ist ein „übliches" Vermittlungsgeschäft. Doch der Auftraggeber lässt sich auf die Forderung ein und erhöht die Provision von drei Prozent auf sechs Prozent.

Eine Erhöhung von drei auf sechs Prozent mag auf den ersten Blick nicht als besonders bedeutend erscheinen. Doch bei dieser Transaktion handelt es sich um hohe Summe, bei denen normalerweise kaum ein Vertragspartner leichtfertig etwas verschenkt.

Warum verschenkt der Auftraggeber drei Prozent ohne mit der Wimper zu zucken? Wohl keiner erhöht bei einem Provisionsgeschäft die auszuzahlende Summe gleich um das Doppelte.
Das legt nur einen Schluss nahe: Er hat nicht vor, überhaupt irgendeine Summe auszuzahlen.

In der Tat: Die Recherchen des Geschäftsmannes haben ergeben, dass es sich bei den Prozessen gegen das Unternehmen vorwiegend um Prozesse wegen unbezahlter Rechnungen und Provisionen handelt.

Nun sah sich der erfahrene Vertriebsmann in seinem Gefühl bestätigt.

Kein Einzelfall. Wir können noch so sehr alles analysieren, prüfen und diskutieren – eine Verhandlung lässt sich nur dann gut führen, wenn wir nicht nur unserem Kopf, sondern auch unserem Bauch folgen.

In einer häufig kopfgesteuerten Welt lassen sich Dinge, die nicht fassbar sind und nicht rational erklärt werden können, schlecht vertreten. Aus Erfahrung lege ich Ihnen dennoch nahe: Das Unkonkrete, das Vage, das Bauchgefühl muss in ihren Entscheidungen beim Verhandeln mit einfließen. Am besten Sie bemühen sich immer, das vage Gefühl zu deuten und zu verstehen. Es hilft, zu wissen, warum Sie sich „so" fühlen. Denn Verhandlungen sind Fifty-Fifty-Unternehmungen: Halb Kopf, halb Bauch.

Mit Macht in die Verhandlung

Macht heißt in der Politik, zu wissen, was die Masse will. Im US-Präsidentschaftswahlkampf 2008 hat Barack Obama auf das Bedürfnis der Wähler nach Aufschwung und Besserung gesetzt. Die Wörter Veränderung („Change") und Hoffnung („Hope") waren ein (offenbar auch überzeugendes) Versprechen zu Besserung. Obamas Konkurrent, John McCain setzte dagegen auf das Bedürfnis der Wähler nach Sicherheit. Die entscheidende Frage war: Welches Bedürfnis erweist sich als das wichtigere, das vordringliche beim Großteil der Wähler?

Ein Politiker hat Macht, wenn es ihm gelingt die Massen für sich zu gewinnen. Dafür muss er die vordringlichen Bedürfnisse der Masse erkennen und verstehen. Die „Königsdisziplin" dieser Gestaltungsfähigkeit ist die *Beeinflussung* der Massen. Am Beispiel der Massenbeeinflussung lassen sich auch die Mechanismen der Macht am besten verdeutlichen. Klar ist: Kein anderer Berufszweig beruht mehr auf den Abläufen und Prozessen der Machtgewinnung als der eines Politikers - sofern man Politiker sein überhaupt als einen Beruf verstehen kann, handelt es sich doch offenkundig um eine Lebenseinstellung.

Die oben beschriebenen Aspekte entsprechen dem Kernwesen von Macht und Macht-Verflechtungen. Generell gilt: Macht ist ein abstrakter Zustand. Sie lebt von der Fähigkeit, andere Menschen zu beeinflussen. Wie sehr Mächtige ihre Umgebung beeinflussen können, hängt davon ab, inwieweit sie die vordringlichen Bedürfnisse anderer

Menschen zu einem ganz bestimmten Zeitpunkt nachvollziehen können. Denn, Bedürfnisse wandeln sich. Derselbe Mensch kann zu unterschiedlichen Zeitpunkten unterschiedliche Bedürfnisse haben.

Kein Mensch wird von nur einem Motiv angetrieben. Wir alle haben verschiedene, oft konkurrierende Motive in uns, die unsere Entscheidungsfindung und damit unser Handeln bestimmen. Welches Motiv, um noch einmal auf den US-Wahlkampf zu kommen, sollte in den meisten amerikanischen Wählern vorherrschend sein? Zugleich stellt sich ebenso die Frage: Wie glaubwürdig das Versprechen der Kandidaten für die Wähler sein würde?

Der Ausgang der oben erläuterten Kandidatur um die US-amerikanische Präsidentschaft ist bekannt. Der Sieg Obamas zeigte vor allem eins: Welches Bedürfnis den Amerikanern wichtiger und dringender zu diesem Zeitpunkt war. Sicher, man kann immer auch darüber diskutieren, welcher Kandidat glaubwürdiger war. Entscheidend ist und bleibt aber das vordringliche Bedürfnis.

Es ist denkbar, dass ein Barack Obama nicht gewählt worden wäre, hätte es nicht zuvor eine Ära Bush gegeben. Der Wunsch nach einer Besserung der Lage nach der Amtszeit von George W. Bush überwog eindeutig das Sicherheitsbedürfnis. Die Priorität der Bedürfnisse hängt somit immer auch von vorherrschenden Rahmenbedingungen zum jeweiligen Zeitpunkt ab. Darauf basiert im Kern die Kunst der Machtausübung.

Macht spielt in Verhandlungen eine große Rolle. Die Macht ist die Fähigkeit, Entscheidungen zu beeinflussen und dafür zu sorgen, dass jemand eine Entscheidung trifft – oder dass jemand eine gewisse Entscheidung nicht trifft. Daher ist Machtausübung immer eng verzahnt mit dem erfolgreichen Verhandeln.

Win-Win mit Terroristen!

Wenn es um die Kunst des Verhandelns geht, sollte man einige bemerkenswerte Verhandlungszüge auf dem internationalen Parkett nicht unberücksichtigt lassen. Für einen diplomatischen Schachzug, der mir sehr imponierte, war der amerikanischen Präsidenten Barack Obama verantwortlich.

Kaum war er als Präsident gewählt, tat er genau das Gegenteil zu seinem Vorgänger. Obama startete den Versuch, den Konflikt mit muslimischen Terroristen mit Verhandlungsmitteln zu lösen. In einem Interview mit einem arabischen Sender reichte Obama der arabischen Welt symbolisch die Hand. Während er in diesem Interview von gegenseitigem Respekt und Achtung sprach, sagte er auch, dass Amerika terroristischen Aktivitäten weiterhin mit der ganzen Härte begegnen werde.

Was ist nun bei diesem Interview geschehen? Welche Botschaften sind seitens Obamas übermittelt worden und mit welcher Wirkung?

Bis zum Amtsantritt Obamas hatte es die amerikanische Regierung den Terroristen recht einfach gemacht, das Land anzugreifen und die stille Unterstützung eines Großteils der arabischen Welt zu erfahren. Ab sofort war das nicht mehr möglich. Obamas Geste wurde von der arabischen Welt begrüßt und anerkannt. In der Folge musste jede Terrororganisation wesentlich mehr mit Ächtung statt Zuspruch rechnen.

Antiamerikanische Terroristen wurden damit „im eigenen Lager" isoliert.

Obama gelang es also, indirekt mit terroristischen Gruppen zu verhandeln und dadurch deren Aktivitäten zu erschweren. Zudem konnte er das eigene Vorgehen gegen Terroristen, ob nun mit Verhandlungen oder kriegerischen Mitteln glaubwürdiger rechtfertigen.

Obamas Vorgänger, Georg W. Bush, sprach in seiner Amtszeit immer vom „Krieg gegen Terrorismus" und lieferte den Terroristen damit nicht nur ein weiteres Alibi für deren Taten, sondern forderte sie heraus, neben dem ideologischen Kampf immer auch einen Willenskampf sowie einen Kampf um die Siegerpose und Gesichtswahrung zu führen. Barack Obama sprach nicht mehr vom „Krieg gegen Terrorismus", sondern vom „struggle against terrorism", was mit Anstrengung oder Bemühung gegen Terrorismus übersetzt werden kann.

Die Formulierung Obamas „ermöglicht" terroristischen Kräften einen Rückzug, ohne sich dabei als „Verlierer" zu fühlen.

Aber, ist es angebracht und macht es Sinn, einen Win-Win-Verhandlungsansatz mit kriminellen Kräften anzustreben, bei dem diese Ihr Gesicht wahren können? Die Antwort darauf ist recht einfach: Im Verhandlungskontext ist (fast) alles angebracht, was eine Einigung ermöglicht. Obamas Verhandlungsansatz mit Terroristen macht eine Einigung mit diesen Kräften wahrscheinlicher, deshalb macht sie auch Sinn. Die Alternative hierzu wäre Krieg.

Wenn man ein baldiges Ende des Tauziehens mit dem Verhandlungspartner erreichen möchte, und seien es auch Terroristen, muss man sich auf die Regeln des Verhandelns einlassen. Ist man dazu nicht bereit, muss man sich mit der Alternative, dem Krieg, abfinden.

Schlusswort

Die Erforschung der Verhandlungswelt führte mich vor allem zu der Welt in mir selbst! Ich musste *meine* Interessen verstehen, *meine* Ängste erkunden und *meinen* Albträumen begegnen, um diese in anderen wieder zu finden. Ich musste Macht und Ohnmacht erfahren, gewinnen und verlieren, um alle Seiten des Verhandelns nachvollziehen zu können. Ich musste begreifen, wie ich selbst Entscheidungen treffe, um Entscheidungen anderer durchschauen zu können.

Ich musste aber auch anerkennen, dass die Welt der Unterhandlung um Interessen und Abhängigkeiten ebenso bittere Seiten hat. Es gewinnt nicht immer derjenige, der es verdient hat, nicht der, der im Recht, oder auf dessen Seite die Wahrheit ist. Sondern, derjenige, welcher den Kampf um Machtgewinnung, die Verhandlungsführung, besser beherrscht.

Der Kampf um die Bestimmung der Entscheidung, die Macht, ist das täglich Brot derjenigen, die dort leben, wo die Luft am dünsten ist. Dort wo die Machtkonzentration am höchsten ist. In der oberen Liga jedes menschlichen Systems. Und gerade dort sind auch die Konflikte am intensivsten und am häufigsten. Am Ende gibt es nur einen Stuhl für den Führenden. Wer dort sitzen will, muss sich den permanenten Interessenkämpfen stellen. Dabei werden Konflikte auf dieser Eben nur in zwei Arten gelöst: Kriege oder Verhandlungen. Und während die Kriegsherren oft am Anfang die besseren Karten zu haben scheinen, gewinnen am Ende immer die besseren Verhandler. Die Verhandlungsführung ist damit der Tanz um die Macht. Wer ihn beherrscht, hat den größten Einfluss auf seine Umgebung. Er kann bestimmen und gestalten, wie er es für richtig hält. Damit geht mit der Beherrschung dieser Kunst eine große Verantwortung einher.

Wer die Macht hat, hat auch den Auftrag im Einklang mit der Welt zu handeln in der er lebt. Plötzlich ist es nicht mehr genug zu gewinnen, sondern nach Möglichkeit muss man auch gewinnen lassen. Ich spreche nicht davon, eigene Karten als ein Zeichen des guten Willens auf dem Tisch zu legen, ohne zu wissen wem man gegenüber steht. Dies zeugt nicht von gutem Willen, sondern von Naivität. Ich spreche davon, die Einsicht zu gewinnen, dass die Momente in denen wir leben, handeln und verhandeln, alle Teile eines Ganzen sind. Und, dass die Gesamtheit in der wir leben permanent nach einem Gleichgewicht sucht, das wir aus den Fugen bringen konnten, wenn wir stets in der „einen Sache" gewinnen wollen. Ich spreche davon das gesamte System im Blickfeld zu behalten, obwohl wir die Macht haben anders zu tun.

Es ist als würden Sie mit einem Partner tanzen, der nicht nur sich selbst, sondern auch all die anderen (in der Gesellschaft) vertritt. Ein Solo auf dem Parkett ist nicht viel wert. Denn wenn einmal die Musik wieder läuft, wäre es zu schade, fortan alleine tanzen zu müssen, wo man doch mindestens Zwei dazu braucht, für den Tanz um die Macht.

Literaturverzeichnis

Hedwig Kellner: KONFLIKTE verstehen, verhindern, lösen. Konfliktmanagement für Führungskräfte. Carl Hanser Verlag München Wien, 2000.

Robert J. Schoenberg: Al Capone - die Biographie. Albatros Verlag Düsseldorf, 2001.

Roger Fisher, William Ury, Bruce Patton: Das Harvard-Konzept. Sachgerecht verhandeln – erfolgreich verhandeln. Campus Verlag GmbH, Frankfurt am Main, 1991.

Umberto Saxer: Bei Anruf Erfolg. Das Telefon-Powertraining für Manager und Verkäufer. Redline Wirtschaft, Redline gmbH, Frankfurt, 2004.

Kontakt

FORGHANI NEGOTIATIONS

www.forghani-negotiations.de